本当によくわかる HTML&CSSの教科書

シンプルで、デザインの良いサイトが
必ず作れる

Kaito Suzuki 鈴木介翔

本書に関するお問い合わせ

この度は小社書籍をご購入いただき誠にありがとうございます。小社では本書の内容に関するご質問を受け付けております。本書を読み進めていただきます中でご不明な箇所がございましたらお問い合わせください。なお、お問い合わせに関しましては以下のガイドラインを設けております。恐れ入りますが、ご質問の際は最初に下記ガイドラインをご確認ください。

ご質問の前に

小社 Web サイトで「正誤表」をご確認ください。最新の正誤情報を下記の Web ページに掲載しております。

本書サポートページ

URL https://isbn.sbcr.jp/95242/

上記ページの「正誤情報」のリンクをクリックしてください。なお、正誤情報がない場合、リンクをクリックすることはできません。

ご質問の際の注意点

- ご質問はメール、または郵便など、必ず文書にてお願いいたします。お電話では承っておりません。
- ご質問は本書の記述に関することのみとさせていただいております。従いまして、○○ページの○○行目というように記述箇所をはっきりお書き添えください。記述箇所が明記されていない場合、ご質問を承れないことがございます。
- 小社出版物の著作権は著者に帰属いたします。従いまして、ご質問に関する回答も基本的に著者に確認の上回答いたしております。これに伴い返信は数日ないしそれ以上かかる場合がございます。あらかじめご了承ください。

ご質問送付先

ご質問については下記のいずれかの方法をご利用ください。

▶ Webページより

上記のサポートページ内にある「この商品に関するお問合せはこちら」をクリックすると、メールフォームが開きます。要綱に従ってご質問をご記入の上、送信ボタンを押してください。

▶ 郵送

郵送の場合は下記までお願いいたします。

〒106-0032
東京都港区六本木2-4-5
SBクリエイティブ　読者サポート係

はじめに

本書を手に取っていただき、ありがとうございます。本書を手に取られているということは、きっとWebサイトの制作に興味を持っているのではないでしょうか。あるいは、仕事や転職などでHTMLとCSSの知識を身に付ける必要があるのかもしれません。

本書は、今までにWebサイトの制作経験がない人でも理解できるよう、**HTMLとCSSの基礎的な内容から**実際に**Webサイトを作成するまで、ゆっくり丁寧に学習することができます。**

基礎的な知識を学習した後に実際にカフェのWebサイトを作成することで、それまでに学習した知識がしっかりと自分のものになっていくでしょう。

Webサイトを制作したことがない人からすると、普段利用しているようなWebサイトを制作することはどれほど難しく時間がかかることか想像がつかないかもしれません。パソコンの操作に自信がない人は、なおさら困難に感じるかもしれません。ですが結論から言うと、**Webサイトの制作はあなたが思っているほど難しくはありません。**

「Webサイトの制作」は「料理」と同じです。いくらレシピを熟読しても、**実際に手を動かさないことには**料理の**腕前は上達しません。**最初から完璧なものを作ることはできませんが、何度も自分の手で挑戦することで徐々に成長していくものです。

また、本書で学習するHTMLやCSSは比較的歴史のある技術です。そのため、本書では昔から現代まで長く大事にされている知識をしっかりとおさえつつ、近年注目を集めている内容も紹介しています。

誰もがはじめは初心者でした。本書での学習をしていく中で、悩んだり、立ち止まることもあるかもしれません。ですが、「Webサイトが作れるようになった自分」に向かって、ゆっくりでいいので、着実に歩みを進めていきましょう。

2018年9月　鈴木介翔

本書の使い方

読み方

本書は以下のようなページ構成になっています。HTMLとCSSに関する基礎知識について、図示を多く、やさしく説明しています。デザイン性の高いWebサイトの作成、運用方法まで解説します。

読み方説明

作成できるWebサイト

本書を読み進めていくと、最終的に下記のWebサイトが作成できます。
「トップページ」「メニュー」「アクセス」「お問い合わせ」といった、
Webサイトに必須のページが揃っています。

トップページ

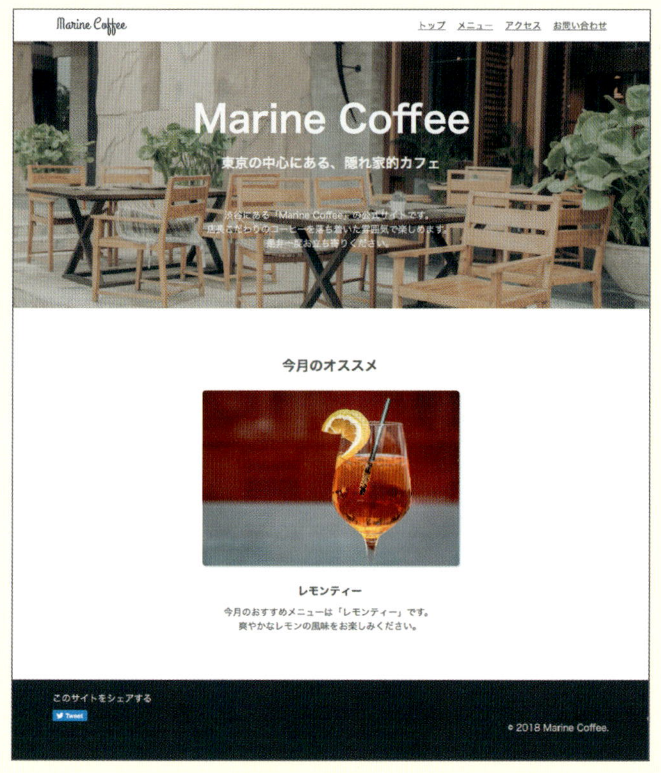

■ シングルページサイト

1ページに全てのページの内容が詰まった「シングルページサイト」も作成できます。

メニュー

アクセス

お問い合わせ

サンプルファイルの使い方

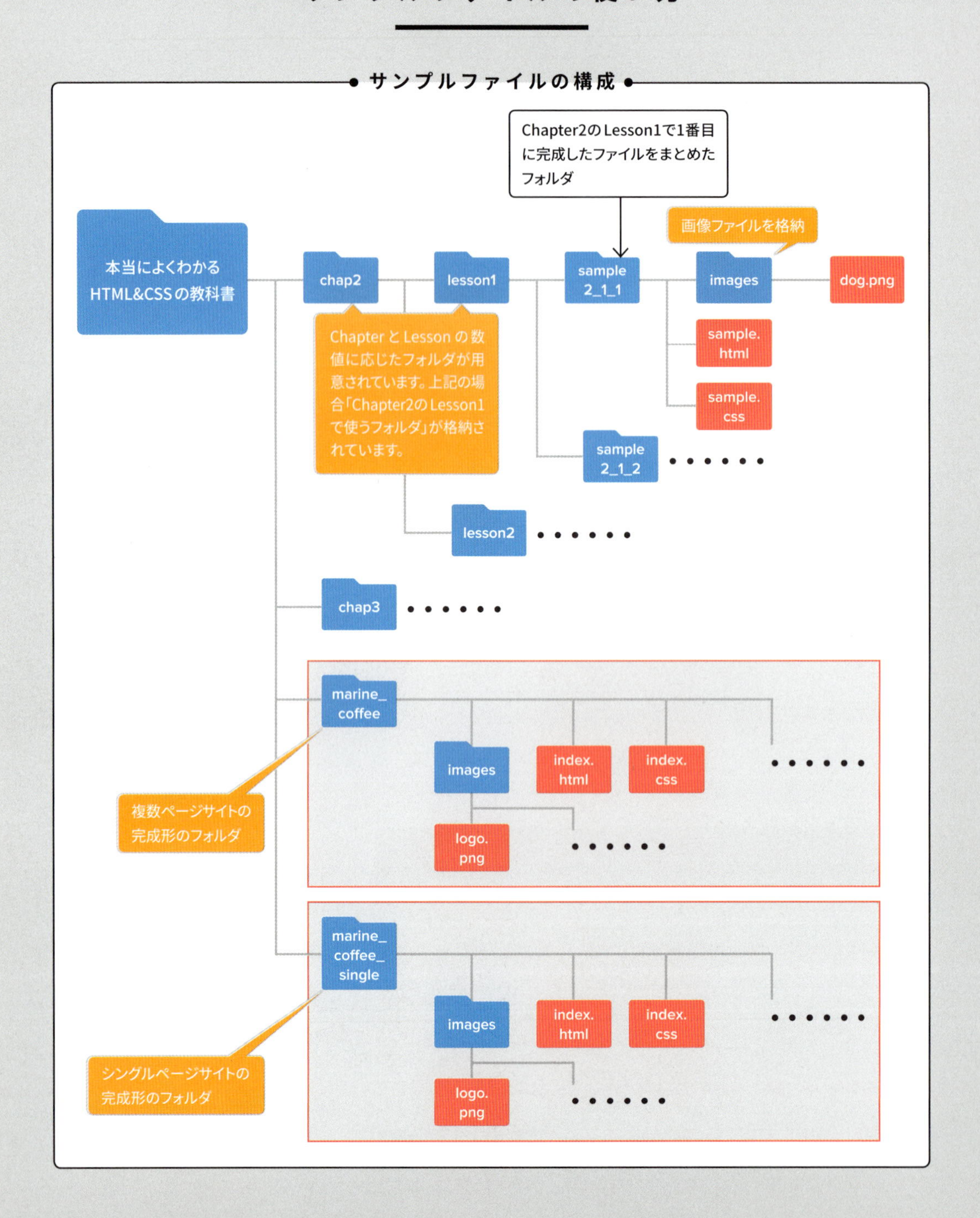

ダウンロードファイルについて

本書サンプルファイルのダウンロードの方法について説明します。手順に沿ってダウンロードし、任意の場所に保存してご利用ください。

Contents

Webサイトの作成 89

Chapter 1

1

Webサイト制作の事前準備

まずはWebサイトの基本的なしくみを学習し、
Webサイトを作成するために
必要な準備をしていきましょう。

Lesson 1 Webサイトのしくみ

Webサイトとは

インターネット上に公開されている、Webページの集まりのことをWebサイトと言います。この本を読んでいる皆さんも、今までにパソコンやスマートフォンでさまざまなWebサイトを利用したことがあると思います。ショッピングサイトやSNS、会社や個人のWebサイトなど、世界には無数のWebサイトが存在します。

1つ1つのWebページには、それぞれ特定のURLが指定されており、利用者はそのURLをブラウザに入力することでアクセスすることができます。例えば日本航空株式会社（JAL）のWebサイトのトップページ、つまりWebページには「https://www.jal.com/ja/」というURLで、世界中からアクセスできます。普段Webサイトを見ている「Microsoft Edge」「Safari」などのブラウザを開いて、以下のようにJALのWebページにアクセスしてみましょう。

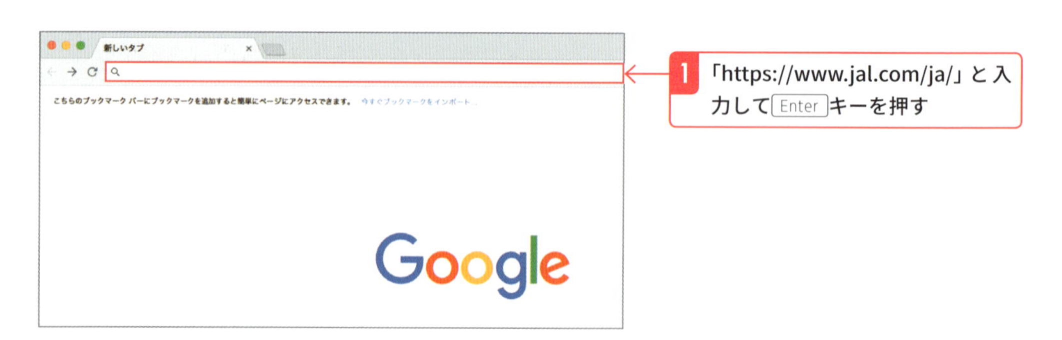

2 JALのWebページが表示される

URLとは、Webページのインターネット上での住所のようなもので、**他のWebページとURLが重複することはありません。世界に1つだけのものです。**

Webページとは、実際にブラウザで表示される画面、つまり1つのページのことを指します。Webページの見た目は、これから学習するHTMLやCSSを中心に、画像や動画などから作られています。

図 WebサイトとWebページのイメージ

まずはHTMLやCSSがWebページを作る際にどのような役割を果たしているのかを学習し、実際にWebページを作成する方法を学んでいきましょう。

HTMLとCSS

先ほど述べた通り、WebページはHTMLやCSSなどから構成されています。**HTMLやCSSはコンピューター上ではファイルとして管理されており、そのファイルの中にコードを書いていくことでWebページを作成できます。**

ここで言うファイルとは、WindowsであればWordやExcelなど、macOSであればPagesやNumbersなどで作成するファイルと同じ意味のものです。

そして、例えばWordではそのファイルの中身はテキストなどで構成されていますが、HTMLやCSSは**コード**というもので構成されています。

次のページの図示でそのイメージをつかみましょう。

図 ファイルとコードのイメージ

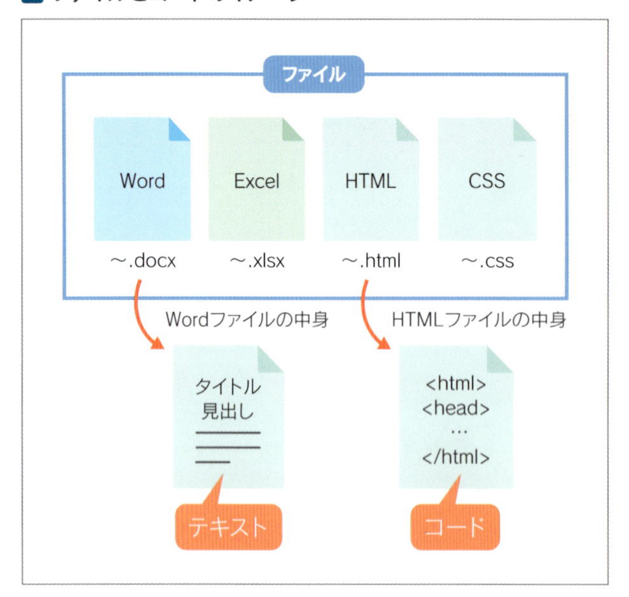

HTMLは、Webページの構造を作成できます。**文字や画像を表示したり、「見出し」「段落」など、Webページを構成する「要素(タグ)」というものを作成するのがHTMLです。**要素、タグについてはp.27で学んでいきましょう。

CSSの役割は、HTMLで作成したページを装飾することです。具体的には、HTMLで表示した**文字の大きさを変更したり、色を付けたりすることができます。**また、画像などの大きさもCSSを用いて指定が可能です。

図 HTMLとCSSのイメージ

HTMLとCSSの役割について、大まかには理解できたでしょうか？　HTMLとCSSを使ってどのようにWebページを作っていくのか、今はまだイメージが湧かないと思いますが、Chapter2以降で実際にHTMLやCSSを学んでいくので大丈夫です。

世の中のどんなWebページも、見た目の部分はHTMLとCSSが基礎となっています。本書で基礎からHTMLとCSSを学び、Webサイトが作れるようになりましょう！

図 本書で作成できるWebサイト

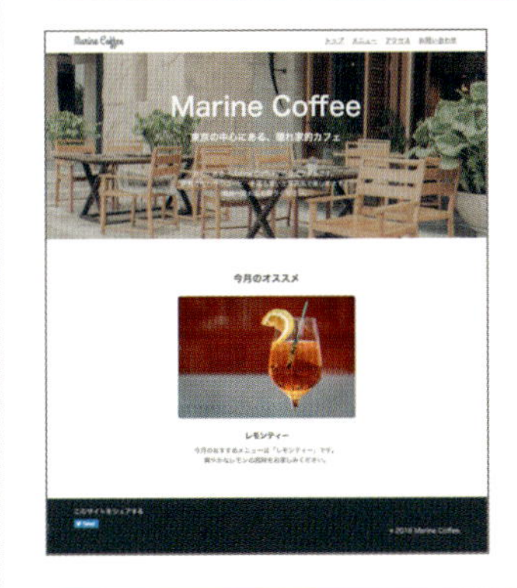

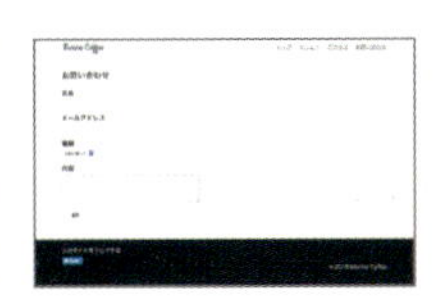

シングルページ（1ページのみ）で構成されるWebサイト

本書では上の「複数のWebページから構成されるWebサイト」を作成するのがゴールです。ただ、「もう少しHTMLとCSSについて勉強したい」「シングルページのWebサイトを作りたい」という人のために、シングルページサイトの作り方も説明しています。簡単に作成できるのでぜひチャレンジしてみましょう！

Lesson 2

制作環境の準備

制作環境の準備にあたって

これからHTMLやCSSを学んでいくにあたって、必要となるツールを事前に用意しましょう。HTMLとCSSでWebページを作成するためには、**「Webブラウザ」**と**「テキストエディタ」**と呼ばれる2種類のツールが必要になります。もしすでに用意ができている場合には読み飛ばしてもらっても構いませんが、本書が対応している種類やバージョン等も紹介していますので、一度目を通しておきましょう。

POINT

ツールというのは簡素なアプリケーションのことです。簡単に言うと、ここではWeb制作をする上で便利な道具、ということです。

Web ブラウザのインストール

Webブラウザ(以下ブラウザ)とは、パソコンやスマートフォンなどでWebページを表示するために使用するツールです。Windowsのパソコンを使用している人は「Microsoft Edge」、MacやiPhoneを使用している人は「Safari」というブラウザにはなじみがあるのではないかと思います。

上述した2種類のブラウザを含め、世の中にはさまざまな種類のブラウザが存在します。表示されるWebページの見た目に関しては、どのブラウザでも大きな差はありません。

本書ではGoogle社が無償で提供している**「Google Chrome」**というブラウザを使って説明していきます。「Google Chrome」は利用者のシェア率が高く、他のブラウザに比べWebページを作成する開発者のための機能が豊富にあり、多くのWeb開発者に使用されています。

それでは、MacとWindowsのそれぞれで「Google Chrome」をインストールする方法を説明します。

POINT

「Google Chrome」は日々新しいバージョンが提供されているので、できるだけ新しいバージョンに更新するようにしましょう。更新は「Google Chrome」のメニュー右端にある︙(三点リーダー)のアイコンをクリックし、「ヘルプ」―「Google Chromeについて」を選択すると更新ページが表示されるので、そこで行いましょう。

Google Chromeのインストール（Mac）

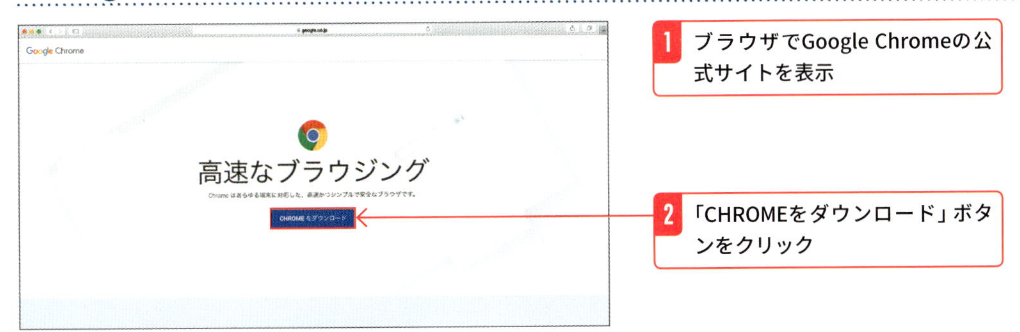

URL https://www.google.co.jp/chrome/

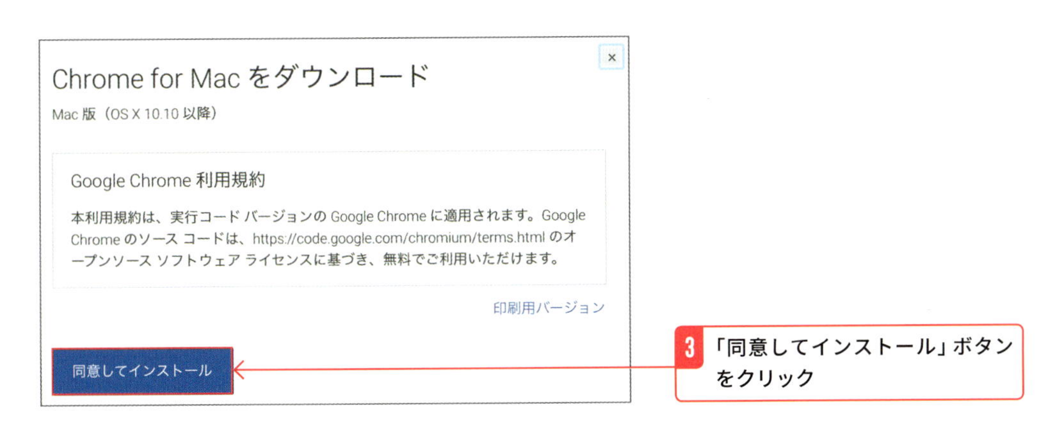

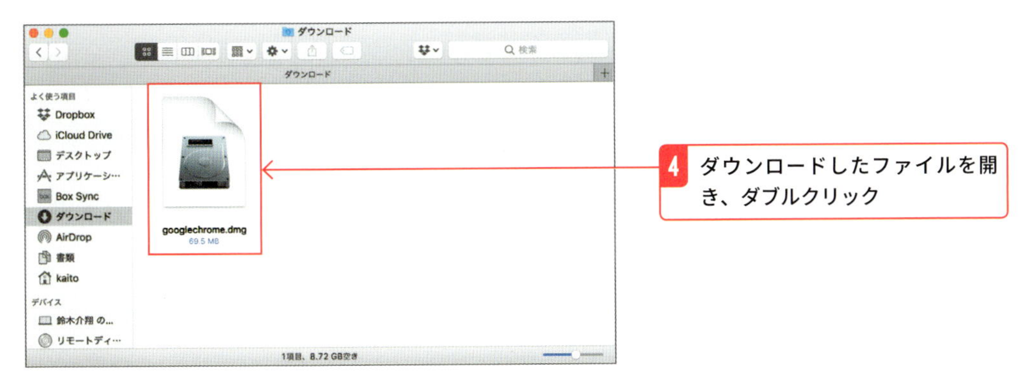

これでMacでのGoogle Chromeのインストールは完了です。

Google Chromeのインストール(Windows)

URL https://www.google.co.jp/chrome/

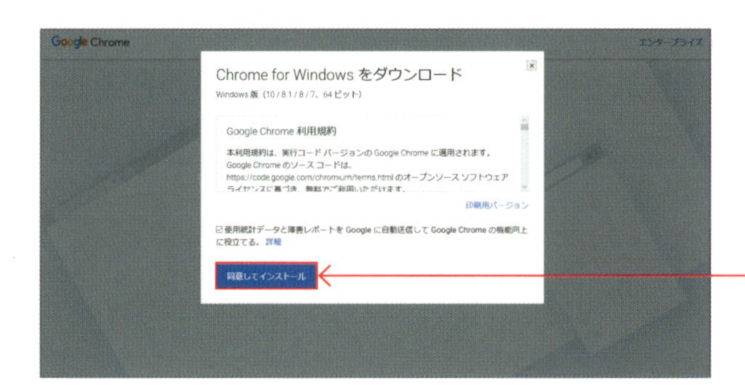

3　「同意してインストール」ボタンをクリック

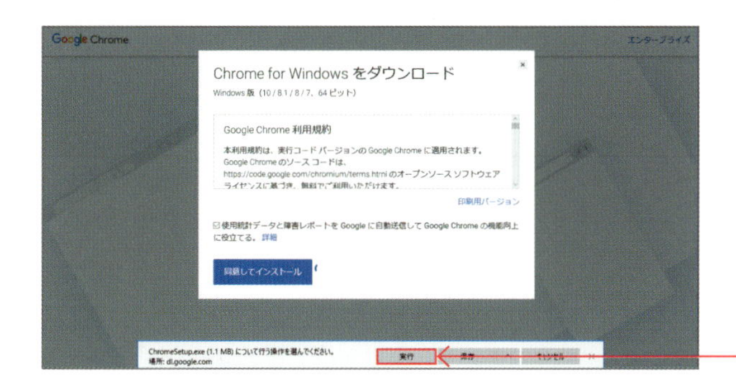

4　「実行」ボタンをクリック

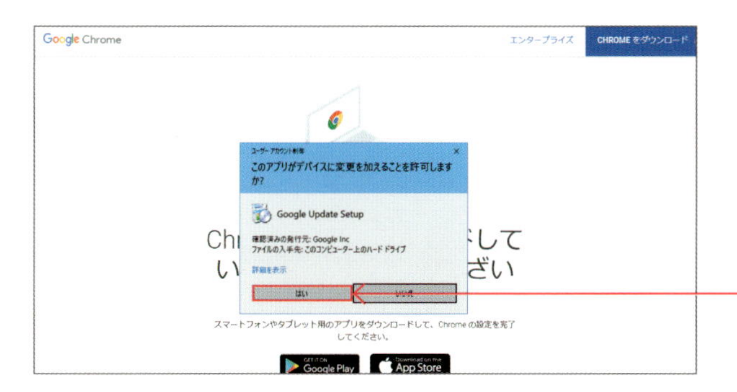

5　「はい」ボタンをクリック

POINT

このLesson2で説明する「Webブラウザ」「テキストエディタ」のインストール方法ですが、場合によっては細かな手順が変わっている可能性があります。それは、これらのツールは日々新しくバージョンアップされているからです。操作手順が本書と違うと感じた場合は、画面内容に沿ってインストールしていけば大丈夫です。

6 インストールが開始される

7 インストールが完了すると自動的にGoogle Chromeが起動する

これでWindowsでのGoogle Chromeのインストールは完了です。

テキストエディタのインストール

次に、テキストエディタ（以降「エディタ」と呼びます）を用意しましょう。エディタはHTMLやCSSのファイルにコードを書き込んでいくために使用します。

こちらもブラウザと同様に、さまざまな種類のものがインターネット上で提供されています。本書では、アドビシステムズ株式会社が無償で提供している**「Brackets」**というエディタを使用します。他のエディタでも問題はありませんが、特にこだわりがなければ本書に合わせて「Brackets」を使用するようにしましょう。

それでは、「Brackets」をMacとWindowsそれぞれでインストールする方法を説明します。

Bracketsのインストール（Mac）

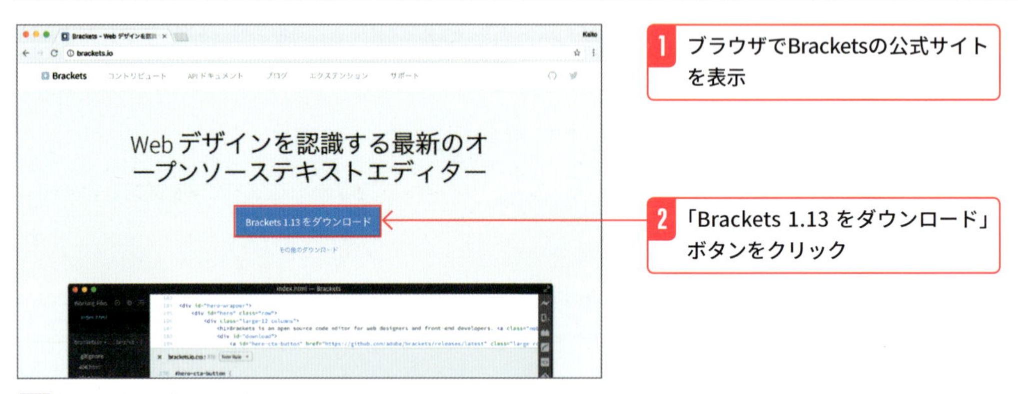

URL http://brackets.io/

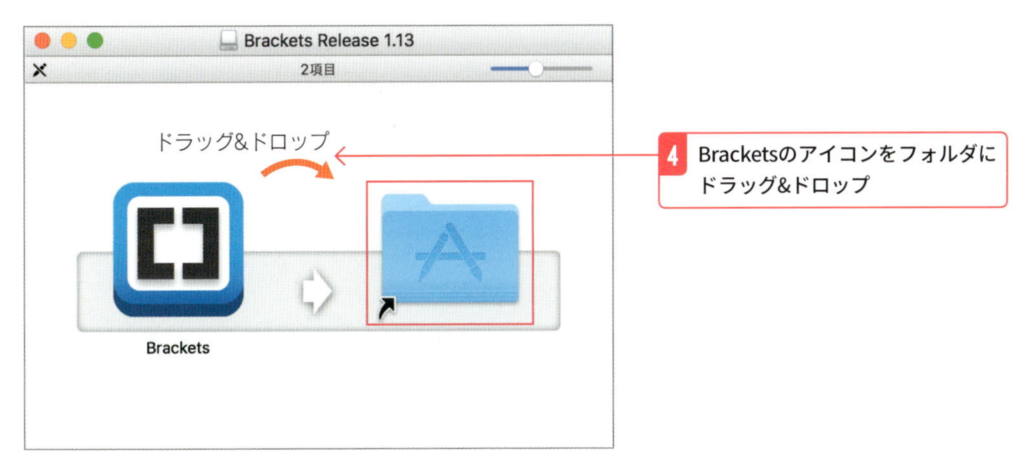

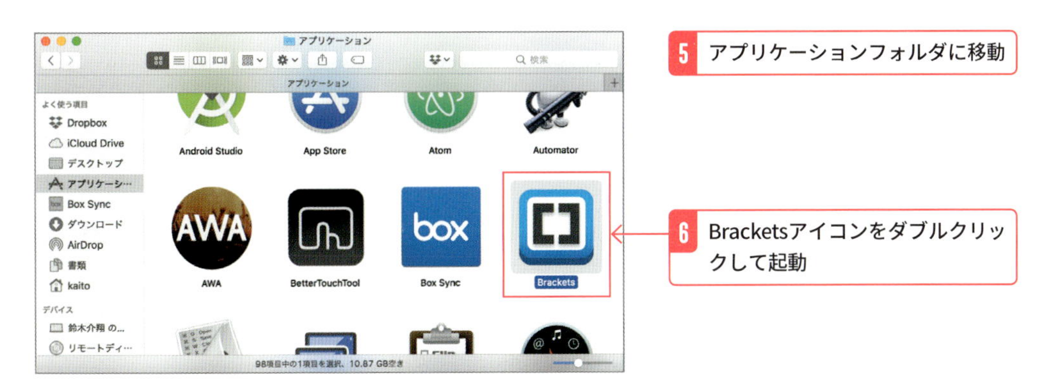

これでMacでのBracketsのインストールは完了です。

▨Bracketsのインストール（Windows）

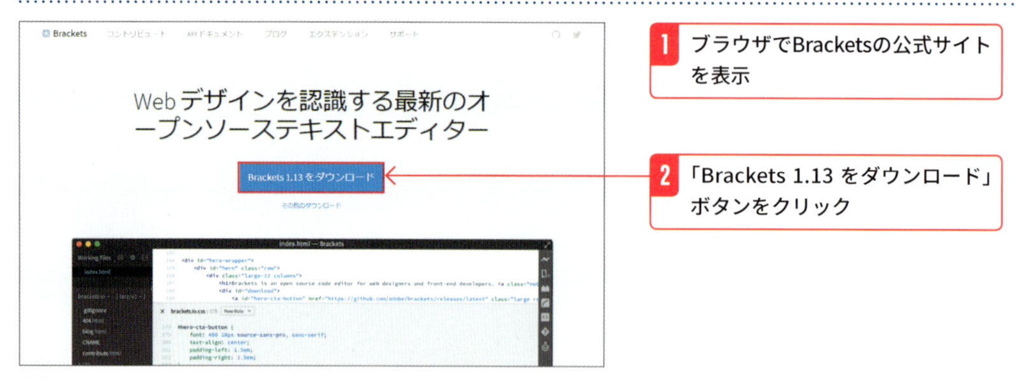

URL http://brackets.io/

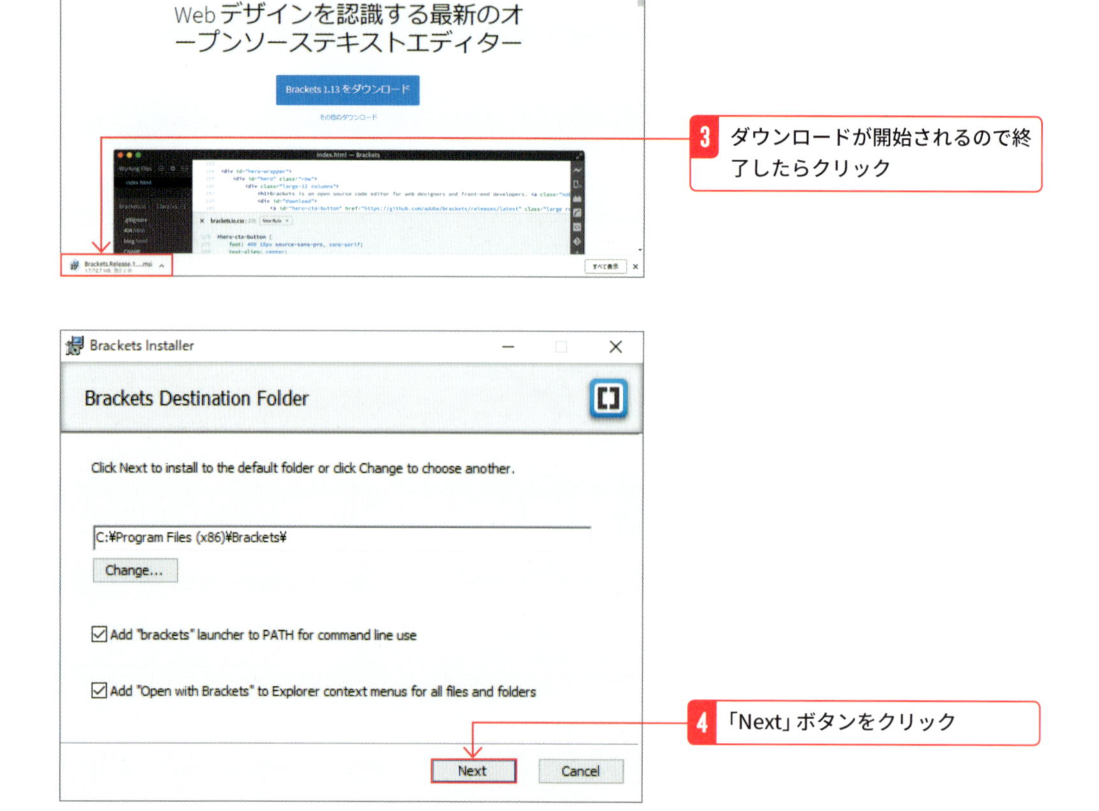

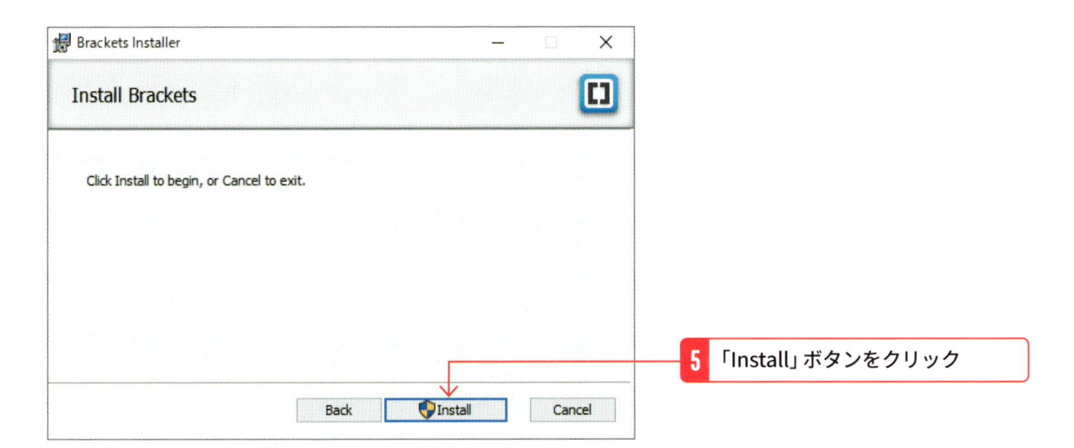

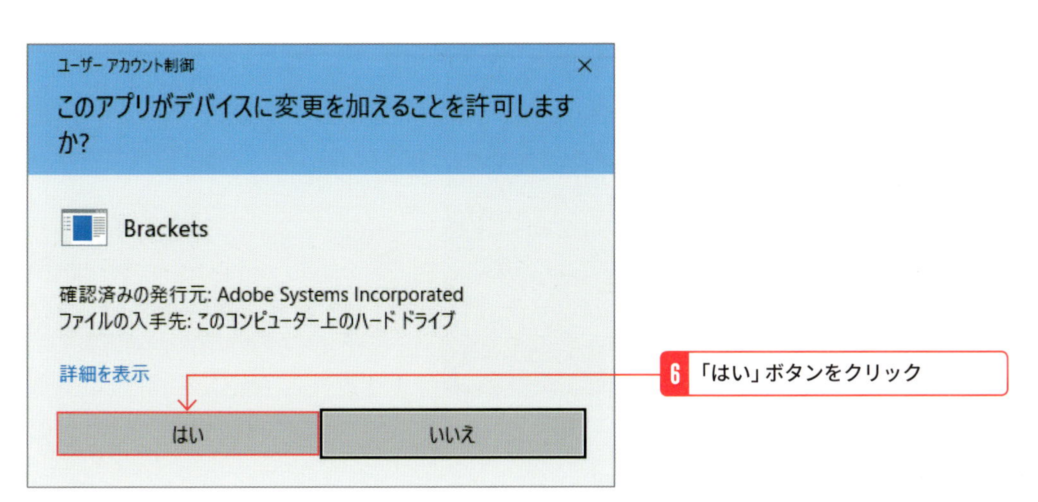

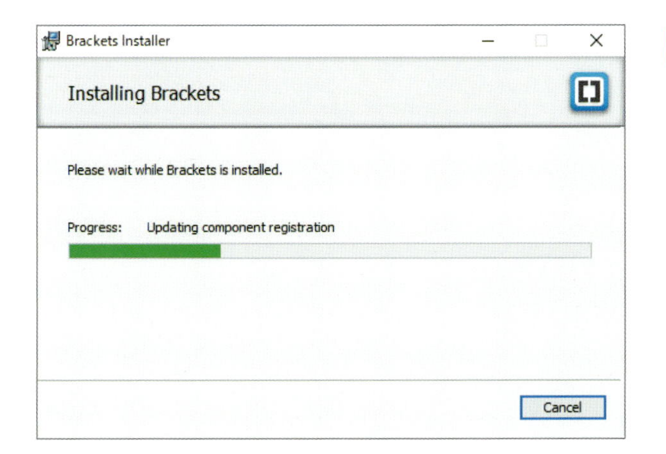

7 インストールが終わるまで待つ

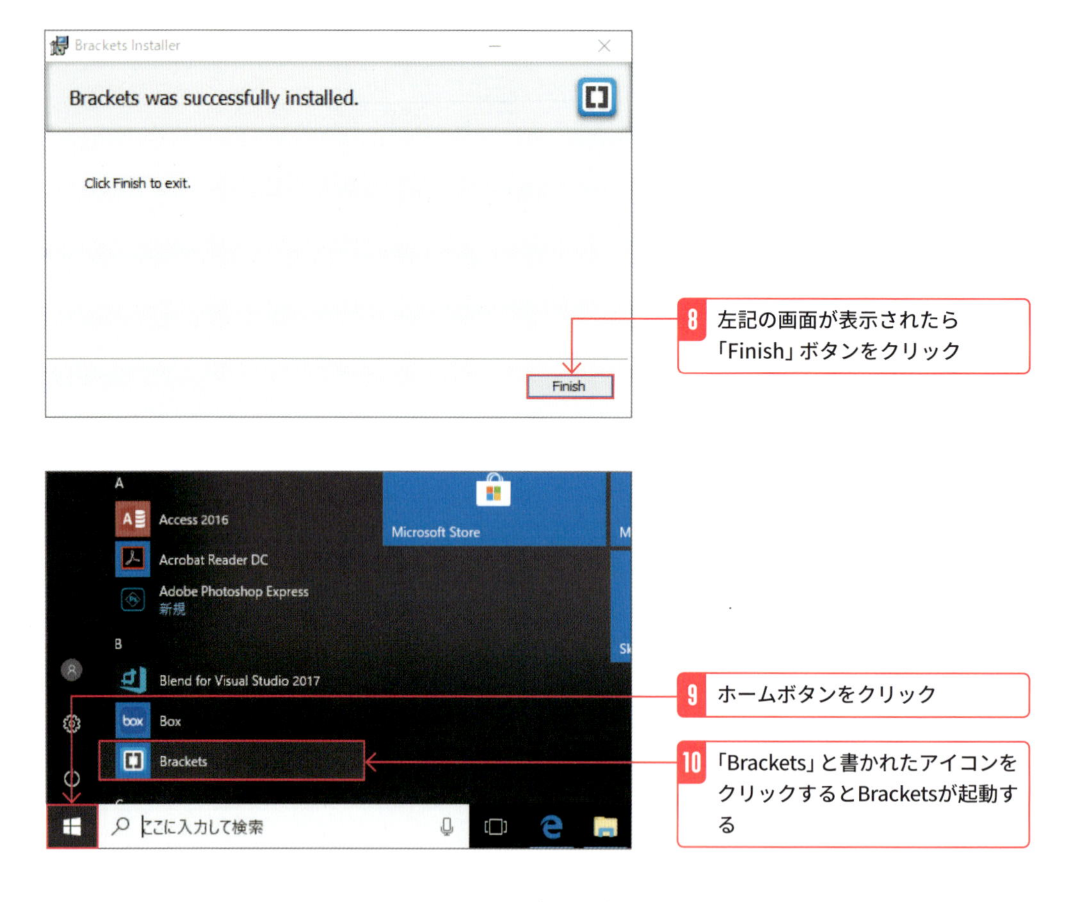

これでWindowsでのBracketsのインストールは完了です。

拡張子の表示

Web制作に必要なツールのインストールは以上です。次は、Web制作をする上で必要な設定を行いましょう。

タイトルに「拡張子」とありますが、**拡張子とは、**今回使用するHTMLファイル、CSSファイル、画像ファイル、そして私たちが日頃使用することの多い、WordファイルやPagesファイルなど、**すべてのファイルに付いているものです。ファイル名の末尾に付いています**。

例えば、**HTMLファイルでは「.html」、CSSファイルでは「.css」という拡張子が付いています**。

この拡張子がFinderやエクスプローラー上で見えるように設定しましょう。

次ページのように拡張子が見えないと、どのファイルがどの形式（HTMLやCSSなど）で作成されたものかわかりません。

図 拡張子の表示・非表示を見比べよう

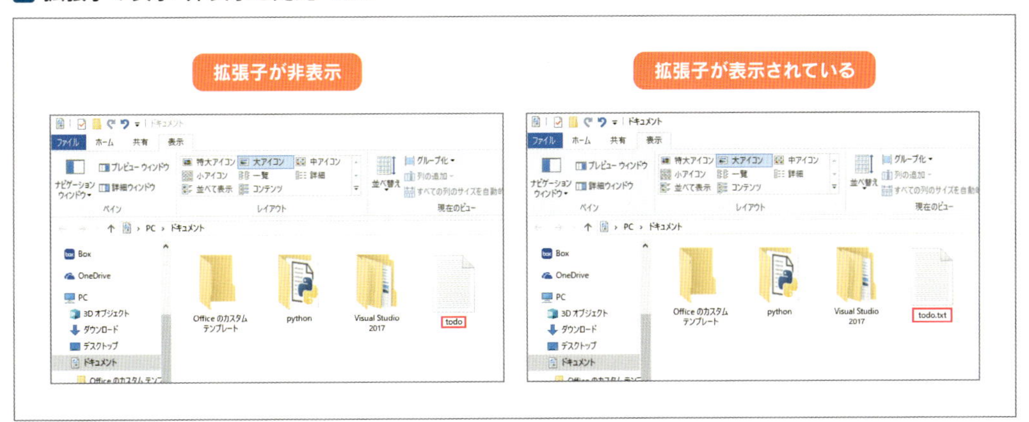

拡張子の表示（Mac）

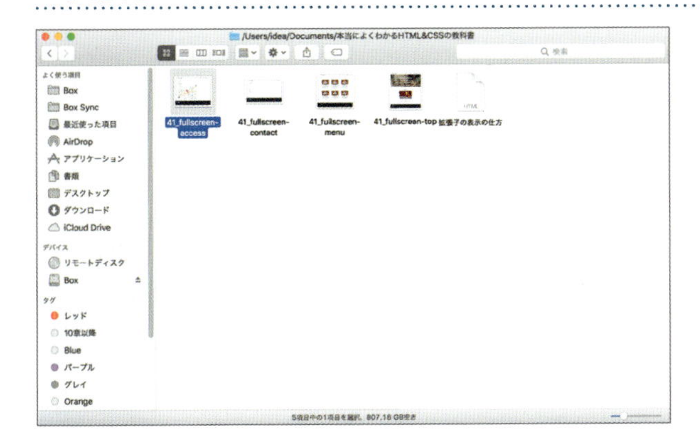

1 Finderを表示する

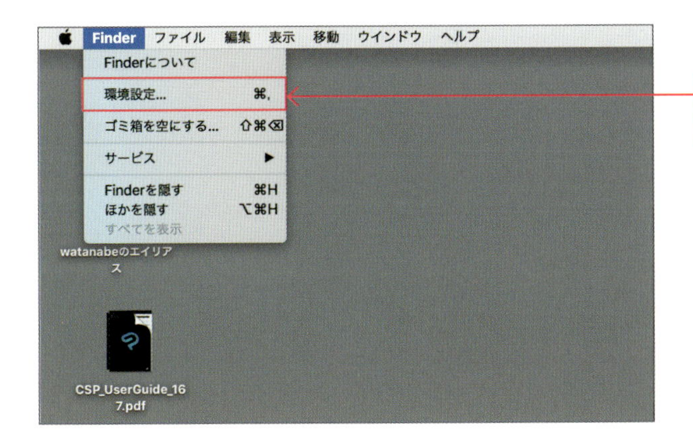

2 デスクトップ上のメニュー「Finder―環境設定」をクリック

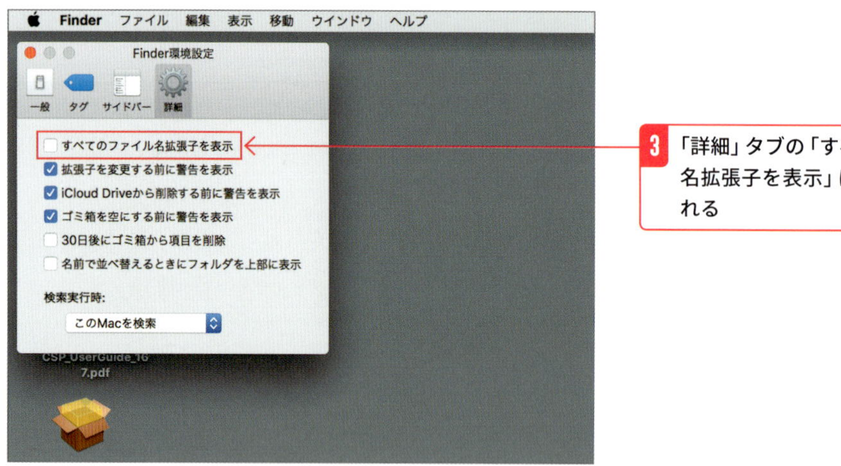

3 「詳細」タブの「すべてのファイル名拡張子を表示」にチェックを入れる

4 拡張子が表示される

▨拡張子の表示（Windows）

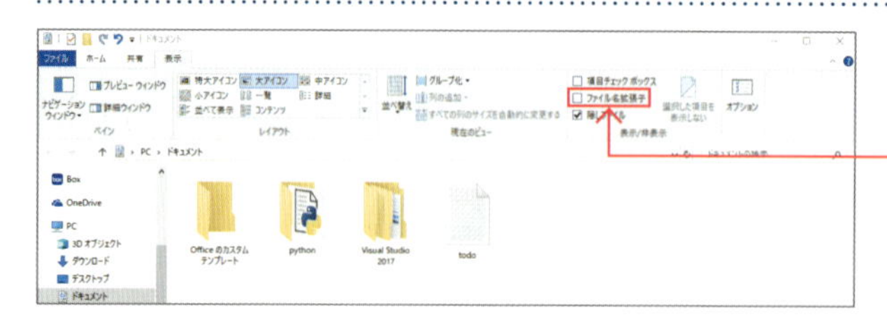

1 エクスプローラーを表示する

2 「表示」タブの「ファイル名拡張子」にチェックを入れる

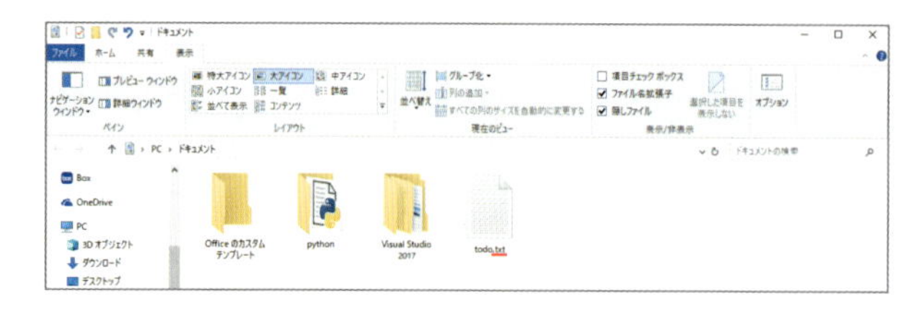

3 拡張子が表示される

Chapter 2

HTMLの基本

このChapterではHTMLの基本的な文法を学習し、
Webページ制作に必要な知識を習得しましょう。

Lesson 1 HTMLとは

HTMLとは何か

このChapter2では、HTMLの特長と基本的な使い方について学んでいきます。Chapter1でも説明したように、HTMLはWebページに文字や画像を表示できます。その他にもさまざまなものがあります、下の画像を見てみましょう。HTMLが作成する要素をざっくりとですが図示しています。

図 HTMLが作成する要素の一例

HTMLを一行書いてみよう

それでは、実際にHTMLのコードを一行だけ書いてみましょう。

コードを書く前に、まずは練習用のフォルダを作成します。場所はどこでもいいので「html_lesson」というフォルダを作成してください。Mac、Windowsでフォルダの作成の方法をそれぞれ説明します。

フォルダを作成する（Mac）

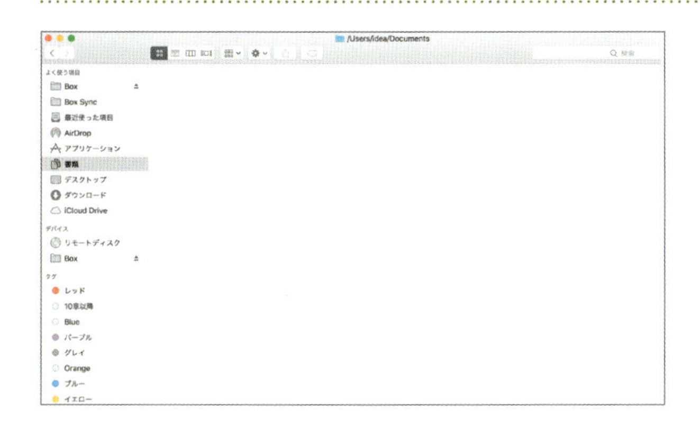

1 Finderを表示

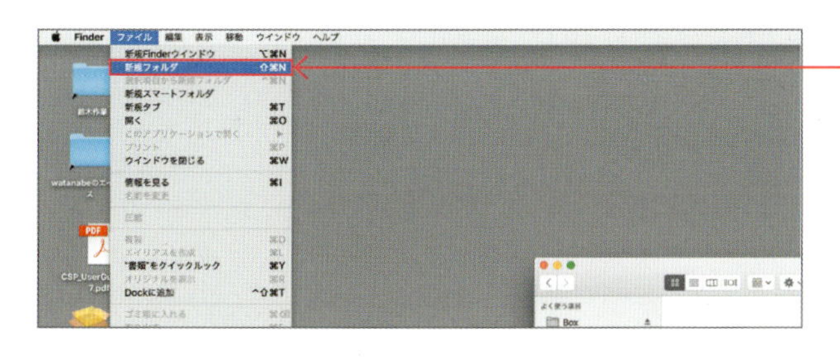

2 メニュー「ファイル」―「新規フォルダ」をクリック

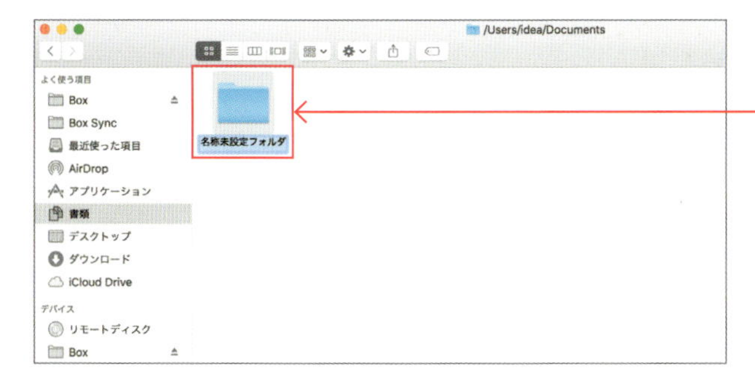

3 新規フォルダが作成される

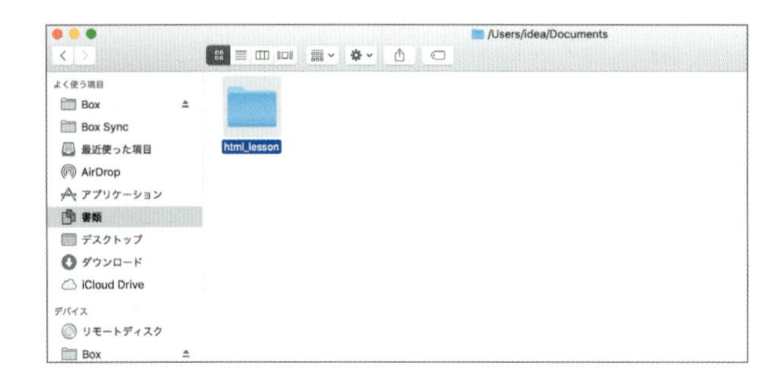

4 「html_lesson」と入力し、Enter キーを押す

Macでのフォルダの作成はこれで完了です。

フォルダを作成する(Windows)

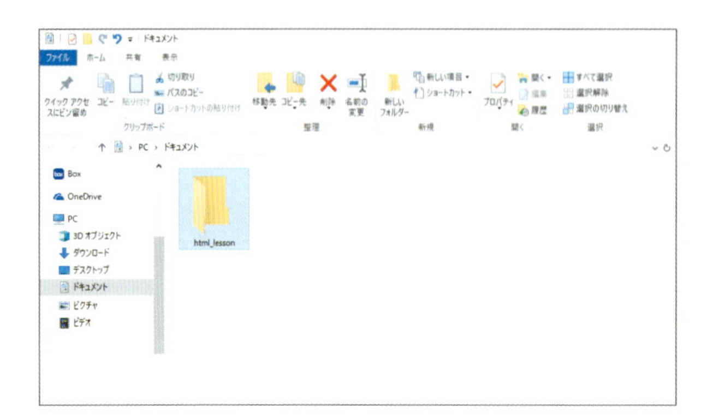

4 「html_lesson」と入力し、Enter キーを押す

Windowsでのフォルダの作成もこれで完了です。

POINT

Webサイトを作成する際にフォルダで HTMLのファイルなどを管理することはとても重要です。そのWebサイトには何のファイルが使用されているのか視覚的にわかりやすくなるので、必ずフォルダの中にファイルをまとめるようにしましょう。

HTMLファイルを作成して一行のHTMLを書く

ではHTMLファイルを作成しましょう。Finderまたはエクスプローラーでも作成できますが、前Chapterでインストールしたテキストエディタ「Brackets」で簡単にファイルが作成できるのでその方法をお教えします。

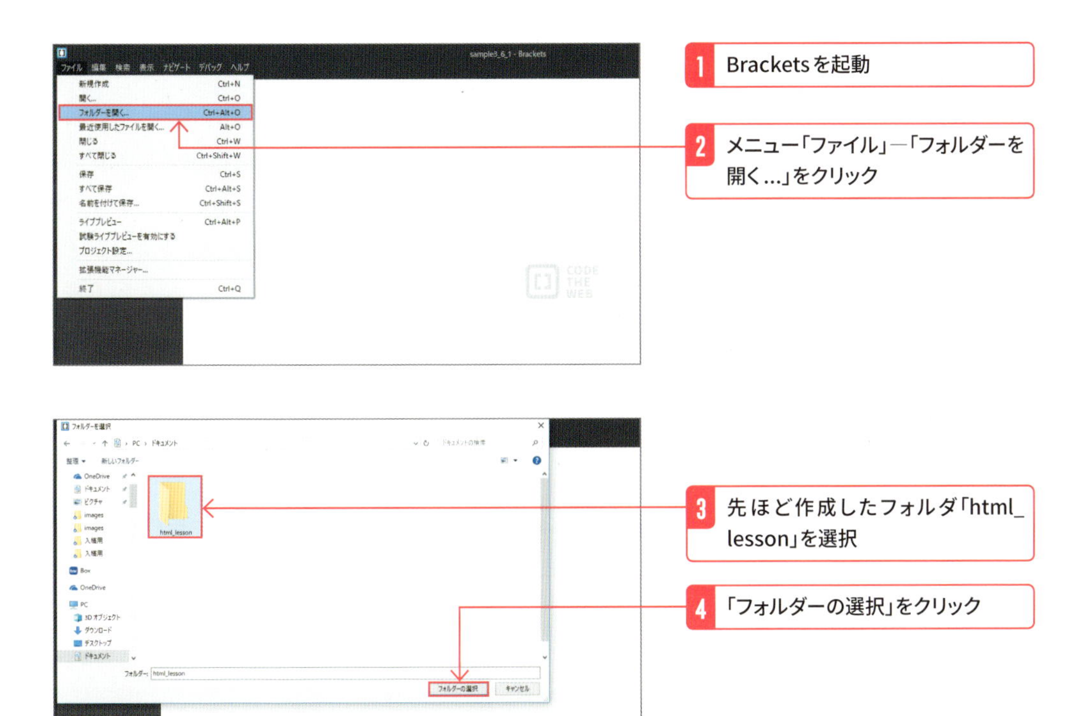

ここまでの作業で、Bracketsでフォルダ「html_lesson」を開けました。では、フォルダ「html_lesson」にHTMLファイルを作成しましょう。

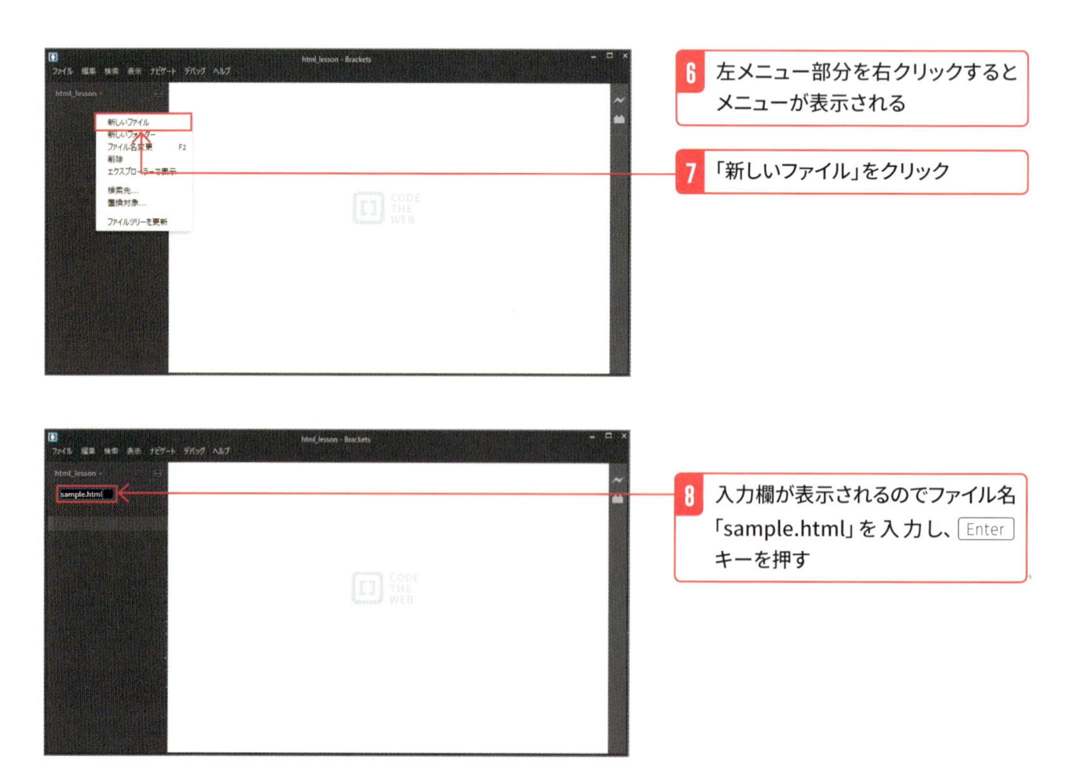

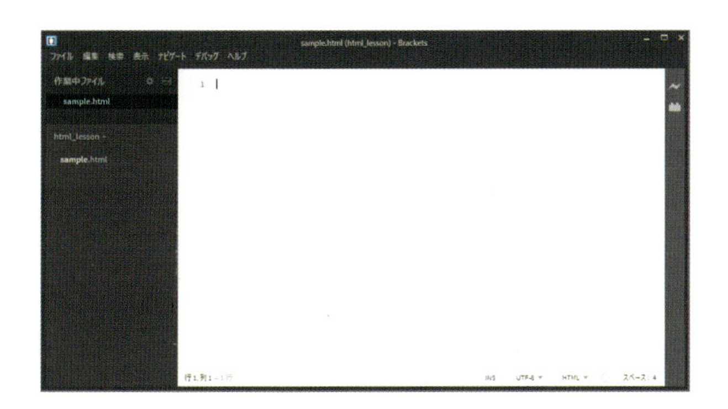

9 ファイルが作成される

これでフォルダ「html_lesson」の中にHTMLファイル「sample.html」が作成できました。

POINT

今回作成したフォルダとファイルのそれぞれの名前ですが、名前の付け方にはルールがあります。具体的な内容はp.98で説明するので、そちらを参照してください。

COLUMN

HTMLファイルとCSSファイルは「UTF-8」で保存しよう

今回はBracketsを使用したので意識することはありませんでしたが、**HTMLファイル、CSSファイルは文字コードを「UTF-8」で保存する必要があります。**

文字コードとは？ UTF-8とは？ という疑問については説明を後述していますのでそちらを参照してください（p.48）。

テキストエディタによっては手動で文字コードを「UTF-8」と選択しなければならないので注意してください。

ちなみにBracketsではHTMLファイル、CSSファイルは自動的にUTF-8で保存されるので、必要な操作はありません。

それでは、「sample.html」にHTMLを書いていきましょう。下に書かれている文字「Hello」を入力してください。ちなみに、下記コードの右上には、編集しているフォルダ名とファイル名を記述しています。

Bracketsに「Hello」を入力すると以下のように表示されます。

内容を書き終えたらファイルを保存しましょう。

Bracketsの画面で、**Windowsの場合はキー Ctrl（Macの場合は command キー）を押しながら、S キー**を押してください。

これで「sample.html」の中身を**上書き保存**できました。

それでは、このファイルに書いた内容がブラウザで表示されることを確かめてみましょう。

HTMLファイルをブラウザで表示するには、Finderまたはエクスプローラーを開く必要があります。Bracketsから直接、選択したファイルが置かれているフォルダに移動できる方法があるのでそれを交えて説明します。

まずはMacでHTMLファイルを表示する方法を説明します。

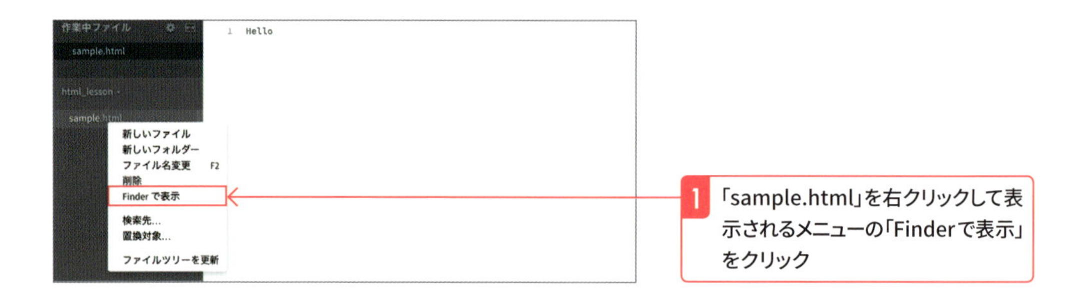

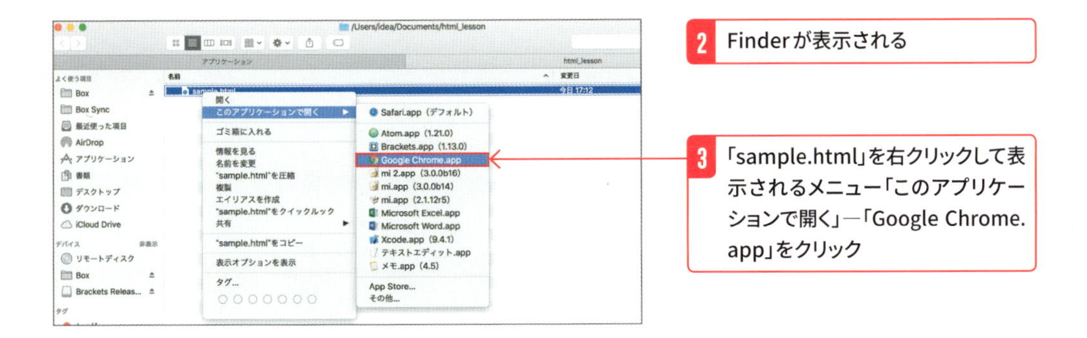

Macでは以上の手順でHTMLファイルをGoogle Chromeで表示します。
次はWindowsでの方法を説明します。

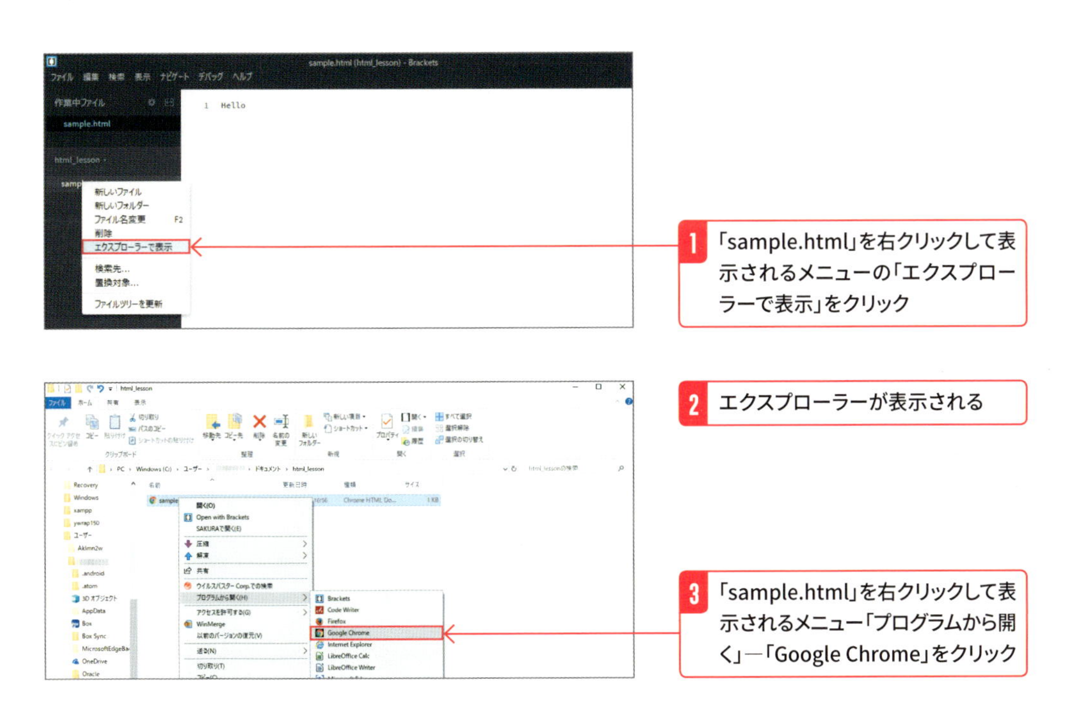

以上の方法でブラウザでHTMLファイルを表示することができたでしょうか？
ブラウザには以下のように、**「Hello」と書かれたページが表示されます。**

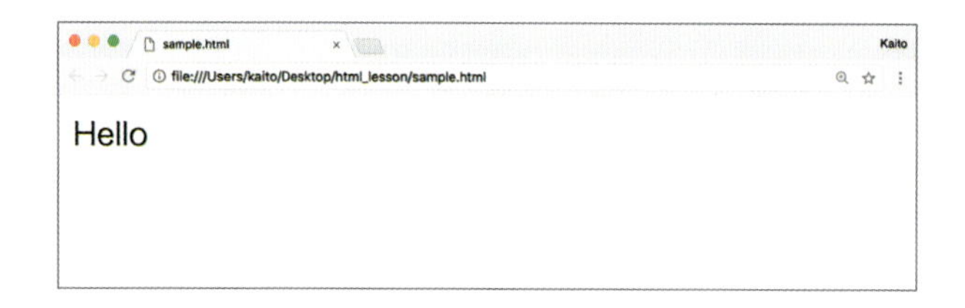

白紙のページが表示されたり、ブラウザが開けないという場合は、このLessonをもう一度見直してゆっくりと操作してみてください。
では次のページから、HTMLの書き方についてより詳しく学んでいきましょう！

POINT

これからさまざまなコードを「sample.html」に書いていきますが、新しいコードを書く時は、その前に書いた内容は全て消して書いていきましょう。書いた内容をもう一度見返したい時は、完成形がダウンロードファイルに用意されているのでp.viを参照してダウンロードし、復習してください。

COLUMN

作業ファイルはこまめに保存する

●sample.html (html_lesson) — Brackets

Hello

コードを追加したら、はじめのうちは毎回ファイルを上書き保存しておきましょう。うっかり保存せずにやり直し、となる可能性を低くするためです。
なお、上の画像のように、ファイル名の左横に●が表示されている時はまだ保存できていないことを表しているので気を付けましょう。

Lesson 2 見出しと段落

HTML のタグを学ぼう

先ほど学んだ単純なテキスト以外にも、HTMLによって、さまざまな要素をブラウザでWebページとして表示することができます。**要素**とは、このChapterではじめに図でお話した「ヘッダー」「見出し」「画像」などのことです(p.18)。**これらの要素を表示するには「タグ」と呼ばれるものを学習する必要があります。**

HTMLの「タグ」は100種類近くありますが、**その全てを覚える必要はありません。**本書ではその中でも特に重要な数種類のタグを学びましょう。

まずは、もっともよく使われると言っても過言ではない**「見出し」**と**「段落」**を作成するためのタグについて学習します。

見出し

「見出し」という単語が聞き慣れない人もいるかと思いますが、ざっくり言うとタイトルのことです。**通常の文章より大きく、目立つように表示されます。**

見出しを作成するためには**<h1>**というタグを用います。「sample.html」に、Lesson1で書いた内容を消して、以下の１行を書いてみましょう。

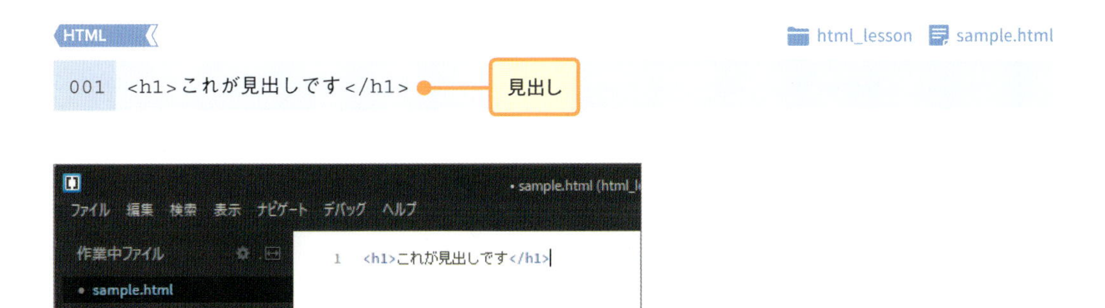

<h1>と</h1>で囲んだ部分の文字が、見出しとしてブラウザに表示されます。**後ろのタグには「/(スラッシュ)」を付ける必要がある**ことに注意してください。

また、**タグはすべて半角で書きましょう。**全角で書いてしまうと正しく表示されません。

それではブラウザで結果を見てみましょう。先ほどブラウザで表示した「sample.html」が開いたままになっている場合は、ページを再読込するボタン C をクリックしてください。閉じてしまっている場合は、p.24、25を参照してもう一度「sample.html」を開きましょう。

POINT

ページの再読込は頻繁に行うので、ショートカットキーを覚えましょう。Macの場合は[command]+[R]、Windowsは[F5]、または[Ctrl]+[R]を押して再読込しましょう。

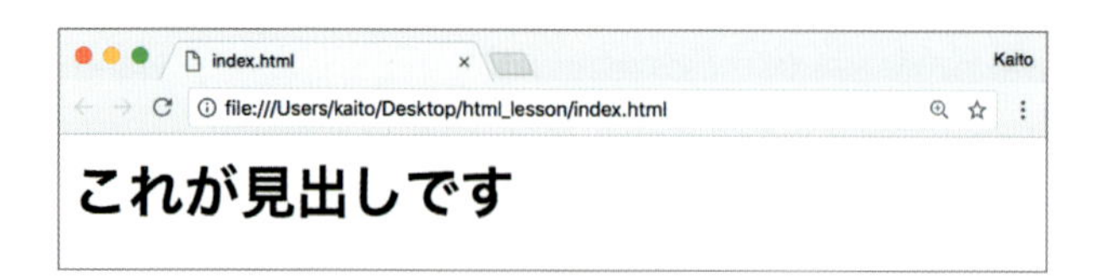

上の画像のように「これが見出しです」という文章が大きく表示されることが確認できるでしょうか。文章が違う、大きく表示されない、など正しく表示されない場合は、前ページに書いているコードを1文字ずつ確認してみてください。はじめはタグを半角で書くことを忘れがちなので気を付けましょう。

このように、HTMLでは開始タグ(<h1>)と終了タグ(</h1>)で表示したい部分を囲むのが基本的な書き方になります。ただし、終了タグがないのもあるので、本書で学んでいきましょう。

図 開始タグと終了タグのイメージ

また、見出しを作成するためのタグとして他に、<h2>、<h3>、<h4>、<h5>、<h6>があります。これらのタグは**数字が大きくなるほど文字サイズが小さく**表示されます。なお、<h7>のように、<h6>より数字の大きいタグは存在しないので注意してください。

今回は試しに、先ほど書いたコードを下記コードのように変更してみましょう。

HTML　html_lesson　sample.html

```
001 <h1>h1タグです</h1>
002 <h2>h2タグです</h2>
003 <h3>h3タグです</h3>
```

それではブラウザを表示し、「sample.html」を再読込しましょう。ブラウザで表示結果を確認すると、以下のように<h1>から<h3>になるにつれて、徐々に文字が小さく表示されることが確認できたかと思います。

h1タグです

h2タグです

h3タグです

見出しの本当の使い方

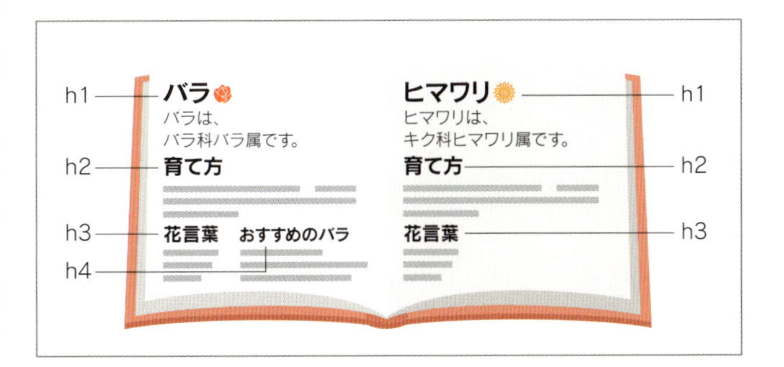

間違えられやすいのですが、見出しは単純に文字サイズを大きくするためのタグではありません。<h1>～<h6>は重要度が増すにつれて数値が低くなっていきます。

例えば花の育て方の本があるとします。ある見開きにバラとヒマワリの説明が書いてあるとしますが、最も目立たせたい重要な情報はバラ、ヒマワリという名前なので、Webページに落とし込んで考えるならこれらは<h1>タグとして扱われるでしょう。次に、この本は育て方の本なので、育て方というタイトルが<h2>として扱われると想像できます。

このように、**見出しはあくまでも見出しとして使用してください。文字サイズを見て<h1>～<h6>を決めるのではなく、重要度で決めることが大切です。**文字サイズはCSSを使えば変更できるので問題ありません（p.63）。

段落

次に、段落を作成するタグについて学びましょう。

<p>タグを用いることで段落を作れます。ここで言う段落という意味を具体的に説明すると、見出しに対する本文、説明文のことです。

書き方は先ほどの<h1>タグと同じで、開始タグと終了タグの間に表示したい文章を書きます。

早速以下のようにコードを書いてみましょう。

```
001 <h1>これが見出しです</h1>
002 <p>ここが段落として表示されます</p>
```

ブラウザを表示して確認してください。以下のような画面が表示されているでしょうか。

これが見出しです

ここが段落として表示されます

一番最初に追加した「Hello」と表示が変わらないように見えるかもしれませんが、これからは文章を書く時は<p>タグを使うようにしましょう。

HTMLのタグには見た目を変えるだけでなく、その文字がどのような要素なのかをわかるようにする役割があります。そのため、<p>タグを用いることで、その箇所が文章であることが一目でわかるようになります。

HTML	h1〜h6	終了タグ：必須
説明	見出し。数字が小さいほど文字サイズが大きく、数字が大きいほど文字サイズが小さい。	

HTML	p	終了タグ：必須
説明	段落。	

Lesson 3 改行

改行

前のページで学習した<p>タグの中の文章を改行したい場合、どのようにすればいいでしょうか？　例えば、以下のようにコードの中でそのまま Enter キーを押して改行しても、ブラウザ画面では改行されずに表示されます。

こんにちは私の名前は太郎です　改行されない

このような場合、**
**というタグを用います。
タグはこれまでに学習したタグとは少し異なり、
単体で改行を意味します。終了タグが不要なのです。

実際に下記のコードを書いてみましょう。改行したい場所に
と書くだけで改行できます。

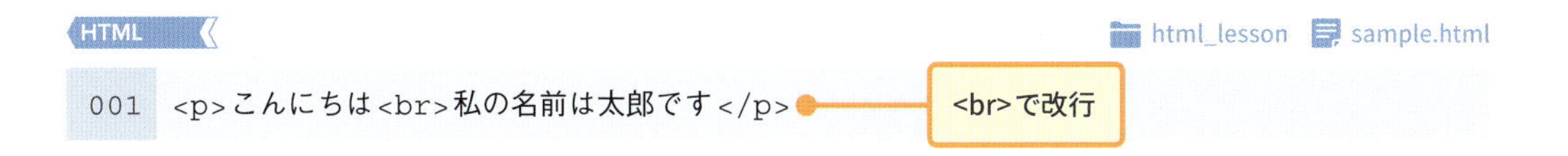

ブラウザで「sample.html」を表示して以下のように改行されているか確認してください。

タグは改行する要素で、**中身はありません。**このような要素を**空要素**と言います。</br>といった終了タグは存在しないので、気を付けましょう。

HTML	br	終了タグ：不要
説明	改行。<p>タグ内の文章を改行するために用いる。	

正しい改行の使い方

文章をWebページで表示する際、改行してくれる
タグはとても使い勝手がいいですが、使い方を間違わないようにしましょう。

例えば、以下のような文字列を表示したい場合に、つい書いてしまうのが×の付いたコードです。

表示したい文字列

日常に溶け込む
一杯の美味しいコーヒーを
より多くの方にお届けしたい

```
<p>日常に溶け込む<br>一杯の美味しいコーヒーを<br>より多くの方にお届けしたい</p>
```

```
日常に溶け込む
<br>一杯の美味しいコーヒーを
<br>より多くの方にお届けしたい
```

1つの文章はきちんと1つの<p>タグで囲んで、改行したい箇所で
タグを使用するようにしましょう。

リンクと画像の表示

リンクの作成

このLessonでは、リンクを作成する方法を学習しましょう。リンクとは、クリックすることで別のページに移動することができるもので、皆さんもWebサイトを利用する中で頻繁に使用しているかと思います。

リンクを作成するには<a>タグを、以下のように用います。

<a>タグ

```
<a href="URL">表示する文章</a>
```

「表示する文章」の部分が実際に表示され、その文字をクリックすると「URL」に指定したWebページに移動できます。実際に以下のコードを書いてみましょう。

```html
001 <a href="https://google.com">Googleに移動する</a>
```

表示結果をブラウザで確認してみましょう。以下のように表示されたでしょうか。

Googleに移動する

「Googleへ移動する」をクリックするとGoogleのWebページに移動することを確認しましょう。

HTML	a	終了タグ：必須
説明	リンク。	
属性	href、targetなど	
属性の使い方	href="値" 「値」に表示したいWebページのURLを指定 target="値" 「値」には「_self」「_blank」などが入る。他のWebサイトに移動する場合は「_blank」を指定して、指定したURLのWebページをブラウザの別タブに表示させるのが一般的	

属性について

今回学んだ<a>タグを書く上で少し戸惑った人もいるかもしれません。<a>タグの中で指定した「href」ですが、これは**属性**と呼ばれるものです。**属性とは、タグをより詳しく設定するためのもの**で、今回の「href」ではリンクの指定URLを設定しています。今後頻繁に使用していくので覚えましょう。

画像の挿入

次に、画像を表示する方法を学びましょう。画像を表示するには**<img>**タグを用います。

<img>タグ

```
<img src="画像のURL" alt="画像の説明">
```

<img>タグは、属性で画像を指定するので中身がない空要素（p.31）なので、終了タグは不要です。

「画像のURL」の指定方法は<a>タグでの指定方法と同じです。ただ、<a>タグではWebページを指定したので、今回は今使用しているフォルダ「html_lesson」の中のURLを指定してみましょう。

ではまず、フォルダ「html_lesson」の中にフォルダ「images」を作成し、そこに画像を配置しましょう。

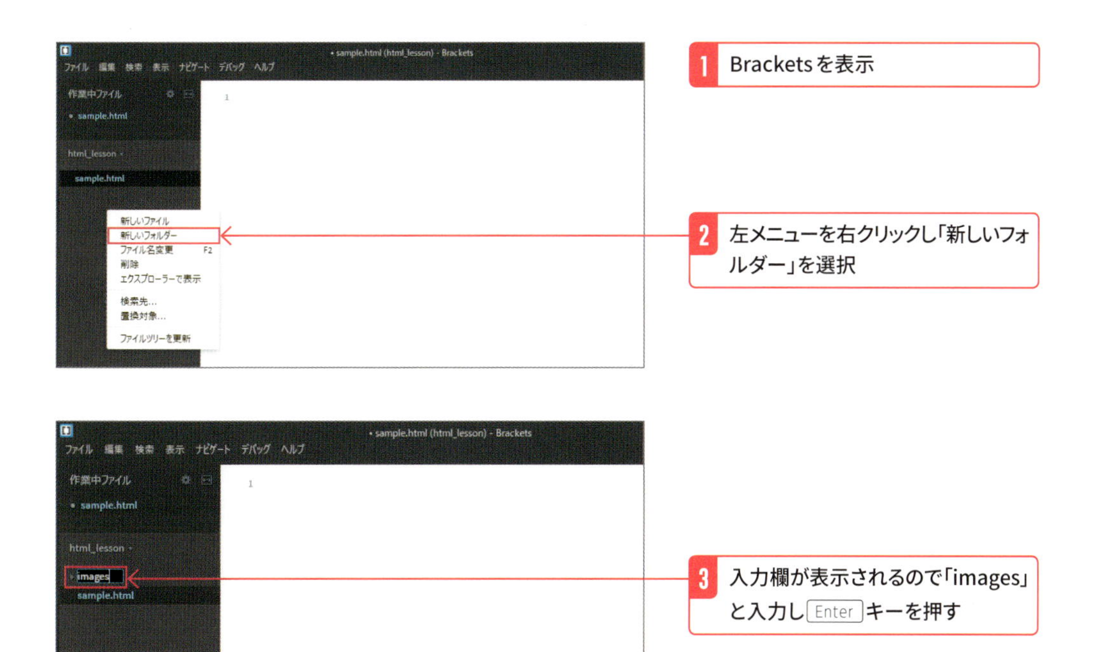

以降はp.24、25を参照して、Finderまたはエクスプローラーを表示し、フォルダ「images」に画像を配置しましょう。画像は何でも構いませんが、サンプルファイルに「dog.png」という画像ファイルを用意しているので本書ではこちらを使用します。

ダウンロードした本書のサンプルファイルの「sample2_4_2」フォルダの「images」フォルダに「dog.png」があるので、これを作業フォルダにコピーしましょう。

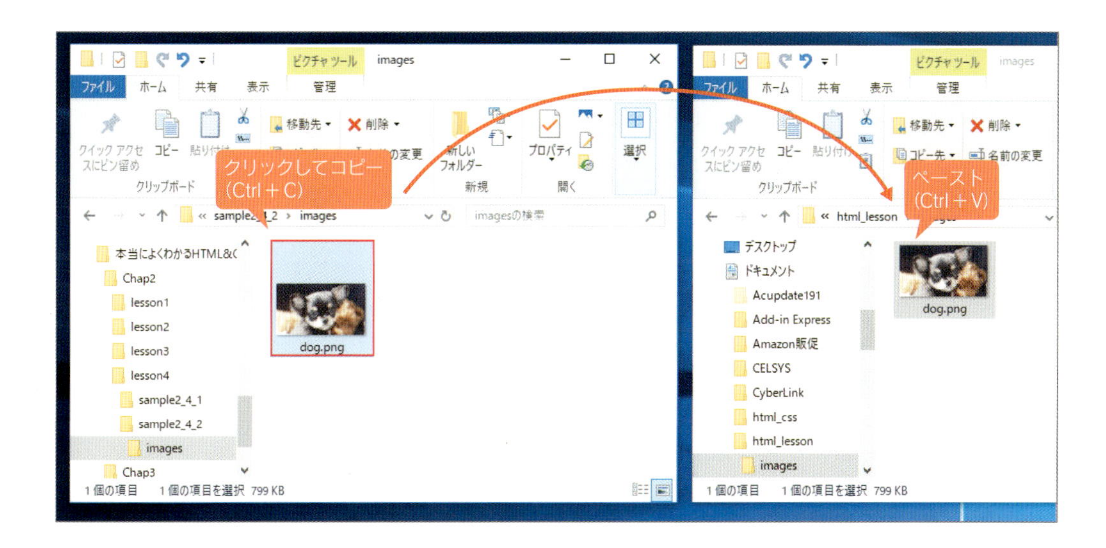

それでは準備が整ったので、「sample.html」に以下のコードを書きましょう。

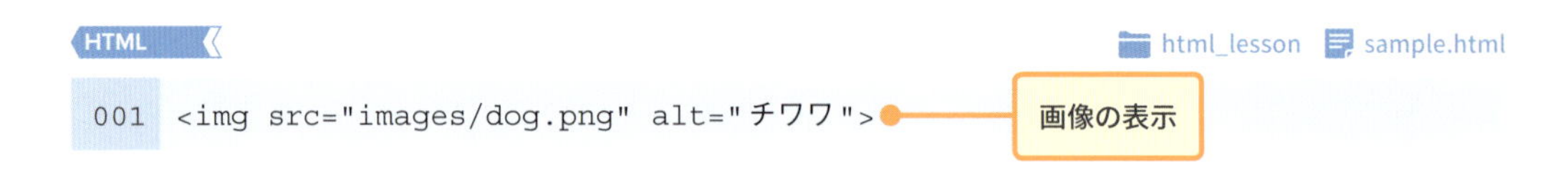

画像のURLの指定ですが、前LessonのURLの指定と異なり、「https:// ～」という文字列ではじまっていませんね。この指定方法は、「https:// ～」または「http:// ～」を省いて指定する**相対パス**での指定方法です。逆に省かずに指定する方法を**絶対パス**での指定と言います。詳しくは次Lessonで説明します。

また、属性**「alt」**には**画像の説明文**を入れましょう。**ユーザーの通信環境が悪く画像が表示できない場合に、画像の代わりにこの説明文が表示されます。**

それでは上記のコードを書いた「sample.html」をブラウザで表示して確認しましょう。以下のように画像が表示されたでしょうか？

HTML	img　　終了タグ：不要
説明	画像の表示。
属性	src、alt、width、heightなど
属性の使い方	src="値"　「値」に表示したい画像のURLを指定 alt="値"　「値」に表示する画像の説明文を指定 width="値"　「値」に画像の表示サイズ（横幅）を指定 height="値"　「値」に画像の表示サイズ（高さ）を指定

Lesson 5

ディレクトリ

ディレクトリとは

先ほどリンクのURL、画像のURLの指定方法を学びましたが、URLをHTMLで操るために知っておかなければならない**ディレクトリ**について学びましょう。ディレクトリそのものの意味は簡単で、**フォルダのことです。URLの指定方法を理解するためには、**このディレクトリの集まり、すなわち**Webサイトの構造を知っておかなければなりません。**

例えば、本Chapterでこれまでに作成したフォルダ、すなわちディレクトリの構造は以下のようになっています。※「ドキュメント」フォルダ直下に「html_lesson」を作成している前提です。

図 ディレクトリ構造の例

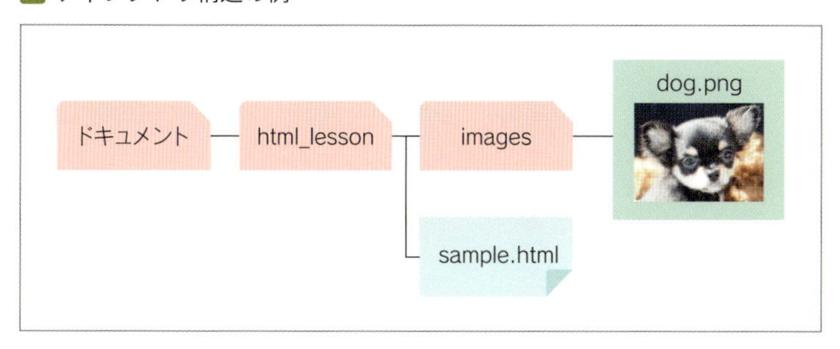

上記を踏まえて、URLの指定方法について詳しく学んでいきましょう。

パスの指定方法

これまでURLと説明していたものは**パス**とも言われます。HTMLや他のプログラミング言語ではこのパスという単語を頻用するので覚えておきましょう。

前Lessonで少し触れましたが、パスには**絶対パス**と**相対パス**というものがあります。

それぞれを詳しく見ていきましょう。

絶対パス

絶対パスとは「https:// 〜」または「http:// 〜」を省かずにパスを指定する方法だと学びましたね。これを正確に説明すると、絶対パスとは**パスを省略せずに全て書く指定方法**です。

パスを指定するHTMLファイル、すなわちWebページがあるとすると、そのWebページが属していないWebサイトをパスに指定する場合には絶対パスを指定します。簡単に言えば、**自分のWebサイト以外のWebサイトをパスとして指定する場合に使用するということです。**

相対パス

相対パスとは、絶対パスとは逆に**パスを省略して書く指定方法**です。

絶対パスでは「自分以外のWebサイトをパスとして指定する時に使用する」と説明しましたが、この逆だと考えると非常に明快で、**自分のWebサイトをパスとして指定する時に使用します。**

ただ、相対パスはその指定方法が少し複雑です。ここでしっかりと理解しましょう。

以下のようなディレクトリの構造があると踏まえて学んでいきます。前提として、図内の「sample.html」のHTMLファイル内でパスを指定していきます。

図 ディレクトリ構造の例

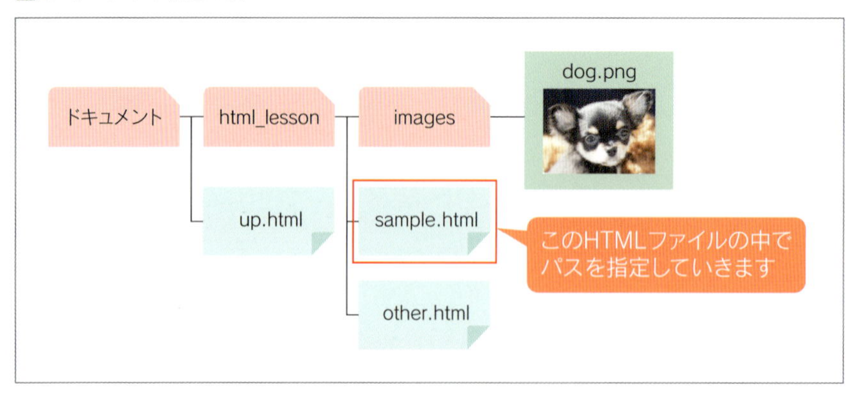

同じディレクトリ内のファイルを指定する方法

「sample.html」と同じディレクトリ内のファイルを指定する方法を学びましょう。ここでは「other.html」を指定する方法を考えます。

この場合はとても単純です。以下のようにファイル名のみを指定しましょう。

HTML　html_lesson　sample.html

```
001 <a href="other.html">同ディレクトリ内のファイルをパスに指定</a>
```

下のディレクトリ内のファイルを指定する方法

「sample.html」の下のディレクトリ内のファイルを指定する方法を学びましょう。ここではフォルダ「images」の中の「dog.png」を指定する方法を考えます。

下のディレクトリを指定する場合、ファイル名の前にディレクトリ（フォルダ）の名前も記載する必要があります。具体的には以下のようになります。

構文 **直下のディレクトリ内のファイルの指定**

```
<a href="直下のディレクトリの名前/指定したいファイル名">直下のディレクトリ内のファイルをパスに指定</a>
```

直下のディレクトリ（フォルダ）と、指定したいファイルの間に「/（スラッシュ）」を入れてください。今回は以下のように指定できます。

HTML　html_lesson　sample.html

```
001 <a href="images/dog.png">直下のディレクトリ内のファイルをパスに指定</a>
```

なお、今回はフォルダ「images」が「html_lesson」の直下にあったので、「/（スラッシュ）」は1つだけでした。さらに1つ下のディレクトリ内のファイルを指定する場合は、重ねてディレクトリ（フォルダ）と「/（スラッシュ）」を書くようにしましょう。

これは下の階層（ディレクトリ）であれば、どれほど下の階層でも同じルールで指定していきます。

HTML　html_lesson　sample.html

```
001 <a href="images/dog/chihuahua.png">さらに下ディレクトリのファイルを指定</a>
```

この例では「images」フォルダの中に、さらに「dog」フォルダがあります。「dog」フォルダに配置されている「chihuahua.png」という画像ファイルを指定しています

上のディレクトリ内のファイルを指定する方法

パスを指定するファイルのディレクトリよりも**上のディレクトリ**内のファイルをパスとして指定する場合は、先ほどとは少し異なります。

今回は「up.html」をパスとして指定する方法を考えましょう。

下記の構文を見てください。書き方はすっきりしたものになります。

構文 1つ上のディレクトリ内のファイルの指定

```
<a href="../指定したいファイル名">1つ上のディレクトリ内のファイルをパスに指定</a>
```

1つ上のディレクトリ（フォルダ）にあるファイルであれば、**「.（ドット）」を2つと「/（スラッシュ）」**を書き、続けて指定したいファイル名を書くだけです。これを踏まえると以下のように指定できます。

HTML　html_lesson　sample.html

```
001 <a href="../up.html">1つ上のディレクトリのファイルを指定</a>
```

さらに上のディレクトリ（フォルダ）にあるファイルを指定したい場合は「.（ドット）」2つと「/（スラッシュ）」を追加しましょう。下の階層（ディレクトリ）を指定する場合と同じく、どれほど上の階層を指定してもこのルールは同様に適用されます。

HTML　html_lesson　sample.html

```
001 <a href="../../upup.html">さらに下ディレクトリのファイルを指定</a>
```

ディレクトリとその指定方法について学びましたがどうだったでしょうか。少しややこしかったかもしれませんが、**「同じ階層のファイルを指定する時はファイル名のみ指定」「上の階層のファイルを指定する時はフォルダ名と /（スラッシュ）に加えてファイル名を指定」「下の階層のファイルを指定する時は .（ドット）2つと /（スラッシュ）に加えてファイル名を指定」**というルールさえ覚えておけば大丈夫です。フォルダの構成が複雑で混乱してしまった場合は、落ち着いてフォルダの構成を紙にまとめるなどして 1つずつチェックしましょう。

Lesson 6 コメント文の役割と書き方

コメント文の役割と書き方

今度はこれまでと少し変わって、**コメント**というものについて学習してみましょう。コメントとはその名前の通り、HTMLのコードにコメントを記述できます。まずは実際に試してみましょう。

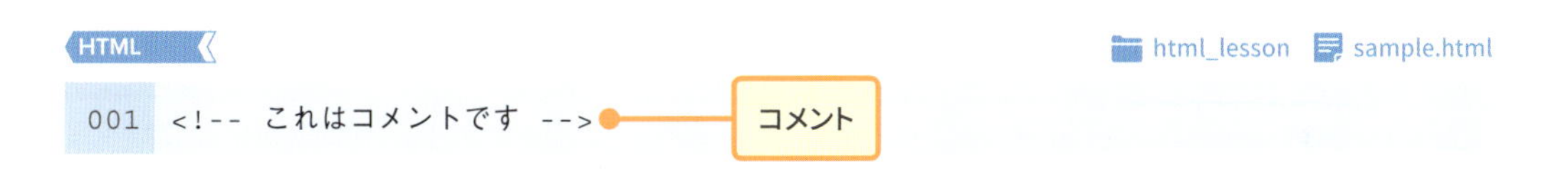

上記のコードを記述し、ブラウザで「sample.html」を確認してみてください。

何も表示されていない画面が確認できたでしょうか。コードに書いた内容は表示されていませんね。HTMLでは**「<!--」と「-->」で文字を囲む**ことで、その部分をコメントとすることができます。

このように、コメントとは**HTMLの表示内容には何も影響を与えません。コメントは自分が書いたコードの内容をメモして、自分や第三者が読み返した時に理解しやすくするなどの目的で使用します。**

POINT

JavaScriptやPHPなど、ほとんどのプログラミング言語でもコメントが使用できます。ただし、書き方はそれぞれ異なるので気を付けましょう。

Lesson 7

HTMLの基本構造

DOCTYPE宣言

これまではHTMLファイルに特に何も気にせず<h1>タグや<a>タグなどのHTMLのコードを書いてきましたが、実は**まずはじめに「この文章はHTMLで書かれています」ということを宣言する必要があります。**この宣言を**「DOCTYPE宣言」**と言います。

DOCTYPE宣言の書き方は非常にシンプルです。「sample.html」の**先頭に以下の1行を記述してください。**

HTML　html_lesson　sample.html

```
001 <!DOCTYPE html>
```

宣言するために必要なコードはこれだけです。なお、DOCTYPE宣言の書き方は上記で決まっているので、暗記せずに一度書いたものをコピーして使いまわしても大丈夫です。

head要素とbody要素

ここからはWebページを作成する時のHTMLの構造を学習していきましょう。実際にWebページを作成する際には、ある程度決められた型に沿ってHTMLのコードを記述していく必要があります。

まずは実際に全体像を見てみましょう。WebページのHTMLの大枠は以下のようになっています。

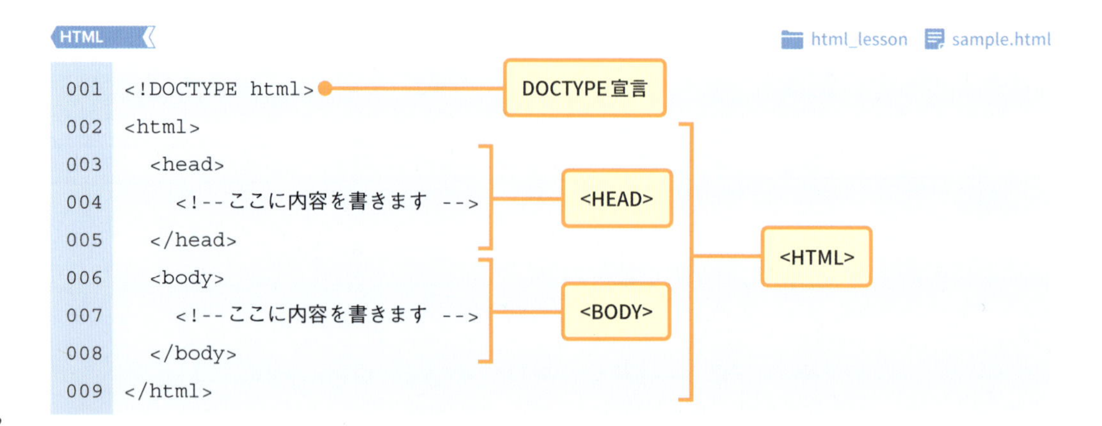

HTML　html_lesson　sample.html

```
001 <!DOCTYPE html>
002 <html>
003   <head>
004     <!--ここに内容を書きます -->
005   </head>
006   <body>
007     <!--ここに内容を書きます -->
008   </body>
009 </html>
```

字下げが行われている行がありますが、これについてはp.46で説明します。

1行目には先ほど学習したDOCTYPE宣言を記述します。

その下に**<html>**タグを書きます。**HTMLのコードはこの<html>と</html>の間に記述していきます。**

次に、**<head>**タグと**<body>**タグという2つのタグを用意しましょう。

<head>タグの中にはページの情報に関するコードを記述します。

<body>タグの中には実際に画面に表示する内容を記述していきます。例えば、これまでに学習した<h1>タグや<img>タグなどは実際に画面に表示する内容なので、<body>タグの中に書いていきます。

Webページを作成する際のHTMLの大まかな構造は以上です。次からはHTMLのコードを書いていく上で欠かせない知識を学びましょう。

図 HTMLの基本構造のイメージ

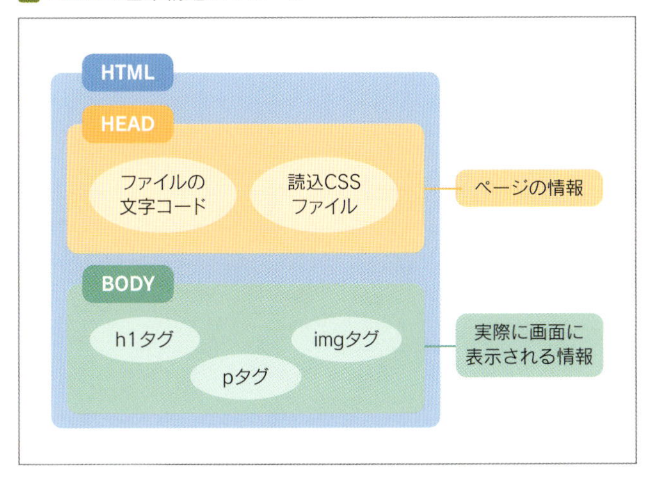

親要素と子要素

HTMLでは、これまでにも見てきたようにタグの中に別のタグを書くことができます。そのような場合、**囲んでいる側の要素（タグ）を「親要素」**、**中にある要素（タグ）を「子要素」**と呼びます。

例えば以下の例では、<h1>タグにとって<body>タグは親要素、逆に<body>タグにとって<h1>タグは子要素となります。

HTML

```
<body>
  <h1>これが見出しです</h1>
</body>
```

h1要素の親要素

body要素の子要素

これらの呼び方は今後の説明で使用するので、ここでしっかりと理解しておきましょう。

ブロック要素とインライン要素

これまでにいくつかのHTMLタグを学習してきました。これらのWebページの見た目を作成するタグのほとんどは、「改行されるタグ」と「改行されないタグ」の2つに分類できます。それぞれ、**「改行されるタグ」はブロック要素**、**「改行されないタグ」はインライン要素**と言います。

ブロック要素とインライン要素について特徴や使い方を詳しく学習していきましょう。

ブロック要素

まず「改行されるタグ」であるブロック要素は特徴の1つとして、**親要素の幅いっぱいまで広がります。**ブロック要素は具体的には<h1>タグや<p>タグなどがこれに該当します。

では実際の例で確認してみましょう。下のコードを「head要素とbody要素」(p.42)で学んだHTMLの基本構造を基に「sample.html」に書いてください。

<body>タグに<h1>タグ、<p>タグの内容を書くイメージです。

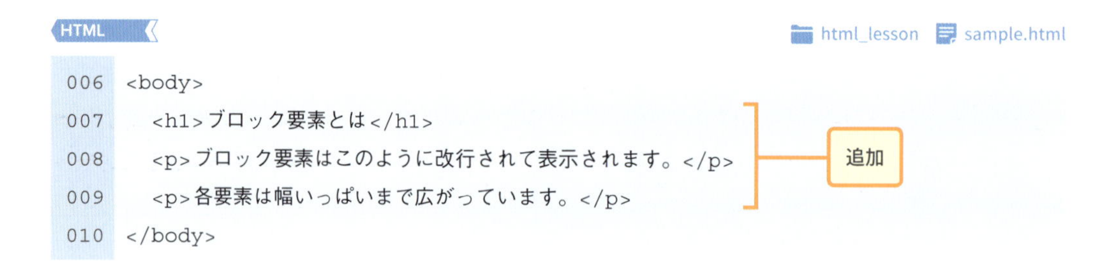


```
006 <body>
007     <h1>ブロック要素とは</h1>
008     <p>ブロック要素はこのように改行されて表示されます。</p>
009     <p>各要素は幅いっぱいまで広がっています。</p>
010 </body>
```

それでは「sample.html」をブラウザで表示して確認しましょう。下記のように表示されているでしょうか？

このようにブロック要素のタグを使用すると、それぞれの内容は改行されて表示されます。

> **ブロック要素とは**
>
> ブロック要素はこのように改行されて表示されます。

また、ここで1つ新しいタグを知っておきましょう。ブロック要素の代表的なタグの1つに**<div>タグ**というものがあります。<div>タグは<h1>タグや<p>タグほど明確な使用目的が決まっていないタグですが、**Webページのレイアウトを作成する際に頻繁に使用するタグです。**

具体的なレイアウトの作成方法はChapter4（p.90）で学習するので、そういうものがあるのだと知っておいてください。

インライン要素

先ほどのブロック要素とは正反対の「改行されないタグ」であるインライン要素ですが、これまでに学習したタグでは<a>タグがこれに該当します。<body>タグの中を以下のように書き換えてみましょう。

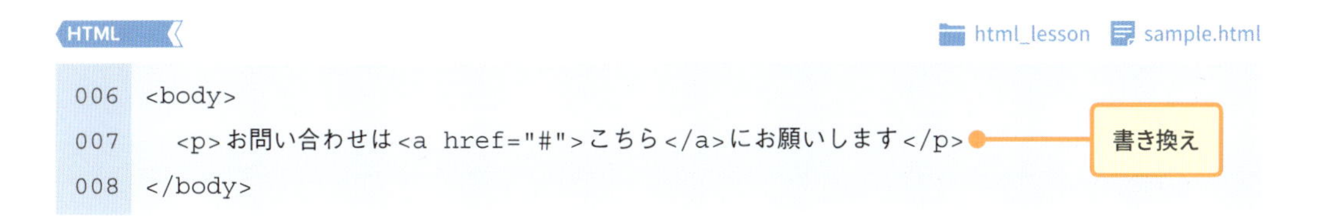


```
006 <body>
007   <p>お問い合わせは<a href="#">こちら</a>にお願いします</p>
008 </body>
```

それでは「sample.html」をブラウザで表示して確認してください。<a>タグはインライン要素なので、以下のように**テキストにそのまま流し込まれ、改行されずに表示されます。**

お問い合わせは[こちら]にお願いします

ブロック要素でレイアウトを作成する際に<div>タグを作成するのに対し、インライン要素では**<span>タグ**というものが頻繁に使用されます。文字列の一部のスタイルを変更したい時などに使用されます。

まとめ

ブロック要素とインライン要素について図示化すると以下のようになります。

図 ブロック要素とインライン要素の違い

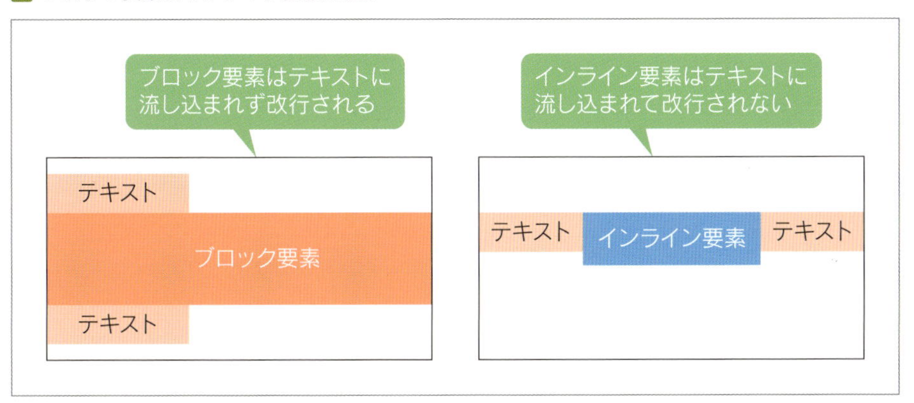

COLUMN

HTML5におけるブロック要素とインライン要素について

これまで詳しく説明してきませんでしたが、HTMLにもバージョンというものがあります。現在はHTML5というバージョンが最新で、ほとんどのWebサイトはHTML5に対応していると言っていいでしょう。本書でもHTML5に準拠した内容を説明しています。

ただ、今回学んだブロック要素とインライン要素については、HTML5ではこのような分類の仕方はなくなっています。ですが、各タグの初期状態ではこれまでに学んだブロック要素とインライン要素の特長がそのまま設定されているので、しっかりと学んでおきましょう。

インデント

HTMLの基礎知識の学習の最後として、このページではHTMLのコードをキレイに書くコツを学習していきましょう。

HTMLのコードをキレイに書く、というのは**HTMLのコードを読みやすくする**という意味です。コードの量が多くなるにつれて、文字や記号が入り乱れて読みにくくなってしまいます。**コードが読みにくくなると、後から修正するのが大変になったり、思わぬミスが起きる原因などにもなり得ます。**

そこで、少しでも読みやすいコードを書くために、HTMLのコードを書く際にはインデントというものを使用しましょう。インデントとは日本語で言うと「字下げ」に当たることで、段落をつけてコードを書く方法です。以下の例を見てみましょう。

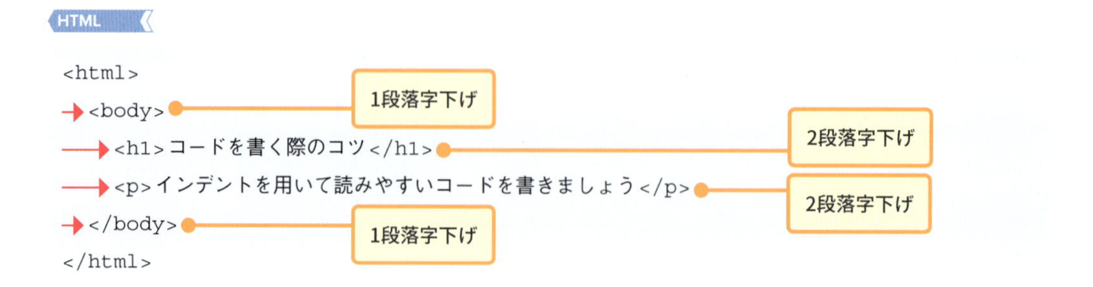


```
<html>
  <body>
    <h1>コードを書く際のコツ</h1>
    <p>インデントを用いて読みやすいコードを書きましょう</p>
  </body>
</html>
```

HTMLのインデントでは、子要素を1段落下げる（右に書く）ようにします。例えば<body>タグは<html>タグの子要素なので、1段落右にずらして書きます。そして、<h1>タグと<p>タグはその<body>タグの子要素なので、2段落右にずらして書きます。

そしてこの時、<h1>タグと<p>タグは同列の関係なので、行頭を揃えて書きます。

インデントの操作方法ですが、1段落右にずらすには、行の先頭で Tab キーを押します。2段落右にずらすにはもう一度 Tab キーを押す……というように、要素の階層に応じて Tab キーを押しましょう。

逆に、1段落左にずらしたい場合には Shift キーを押しながら Tab キーを押します。

Bracketsを使用している場合、ある程度は自動的にインデントされます。ですが、何度もコードを消したり書いたりしている内にインデントがずれてしまうことがよくあります。コードの読みやすさを維持するために、意識的にインデントを正すようにしましょう。

図 インデントを正しく付けると読みやすいコードになる

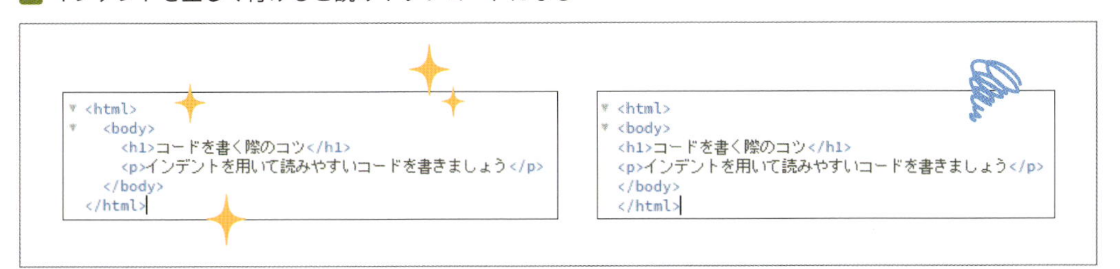

HTML	html	終了タグ：必須
説明	HTML全体の内容を包括する。ルート要素とも呼ばれる。	

HTML	head	終了タグ：必須
説明	ページの情報を記述していくタグ。	

HTML	body	終了タグ：必須
説明	実際に表示される内容を記述していくタグ。	

HTML	div	終了タグ：必須
説明	意味を持たないタグ。複数の要素をまとめるためによく使用される。	

HTML	span	終了タグ：必須
説明	意味を持たないタグ。文字列の一部分を装飾するためなどに使用される。	

Lesson 8

文字コード

Webページには**文字コード**と呼ばれるものがあります。文字コードとは、コンピュータが文章を表示する際に使用するルールのようなものです。

Webページを作成する際には必ず文字コードを指定する必要があり、指定することで文字化けを防ぎ、正しく文章を表示することができます。

図 文字化けのイメージ

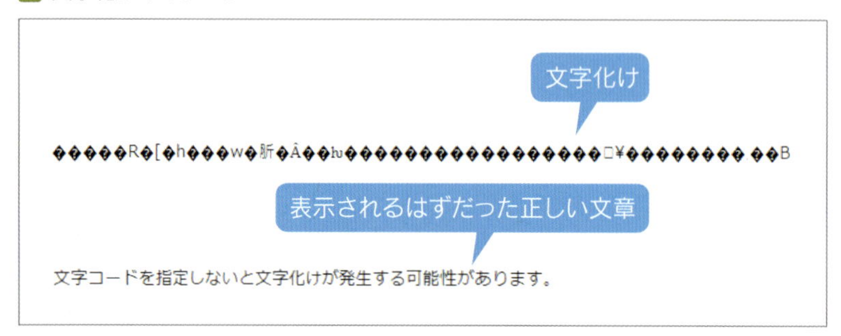

文字コードには「Shift-JIS」「EUC-JP」「UTF-8」などの種類がありますが、現在は**「UTF-8」**を指定することが推奨されています。

以下のコードを「sample.html」の<head>タグの中に書いてみてください。

HTML　html_lesson　sample.html

```
003 <head>
004   <meta charset="utf-8">
005 </head>
```

文字コードの設定はこれだけです。こちらもDOCTYPE宣言と同様に書き方は固定なので、コードをコピーペーストして利用しても大丈夫です。

以上でこのChapterの学習は終わりです。実際に手を動かしてHTMLのコードを書き、ブラウザで表示することで「HTMLを作成している」実感を得られたのではないでしょうか。

それでは、ここまでは単調なHTMLの要素を作ってきましたが、次からは見た目を指定できるCSSについて学んでいきましょう。

Chapter 3

CSSの基本

CSSの役割や書き方を学習し、
Chapter2で学習したHTMLと組み合わせて
本格的なWebページを作成していく準備をしましょう。

Lesson 1

CSSの書き方

文字色を変えてみよう

前ChapterでHTMLを学習し、Webページを構成する文章や画像などの要素を作れるようになりました。

本Chapterでは、**HTMLで作成した要素の見た目を操作(装飾)するCSS**について学びましょう。

例えば、これまでに学んだ<h1>タグ(p.27)で作成した見出しの文字は黒色で表示されていましたが、これを赤色に変えたいとしましょう。その場合、以下のようなCSSのコードを書くことで実現できます。

CSS

```
001 h1 {
002   color: red;
003 }
```

文字色を赤色に指定

上記のCSSのコードは**「<h1>タグの文字の色を赤色にしてください」**というCSSです。この後に具体的なコードの意味を説明するので、今はまだわからなくて大丈夫です。

ブラウザでの表示結果は以下のようになります。

HTML&CSSを学習しよう!

HTMLとは

Webページに文章や画像を表示するための言語です

CSSとは

HTMLで作成したWebページに色や大きさを設定するための言語です

<h1>タグの文章だけが赤文字になっていますね。

CSSは他にも、文字の大きさを変えたり、背景に色をつけたり、画像の大きさを指定することなどもできます。これらのような装飾のことをCSSでは**スタイル**と呼びます。

本ChapterでCSSの書き方をマスターし、HTMLとCSSで本格的なWebページを作成するための基礎知識を身に付けましょう!

Lesson 2 CSSの参照方法と書式

CSSの参照方法

CSSは、先ほどまで使用していたHTMLファイルとは異なる、**CSSファイルというものに書いていきます。** まずはエディタで空のCSSファイルを作成してみましょう。

前Chapterで「sample.html」というHTMLファイルを作成した時と手順は全く同じです。

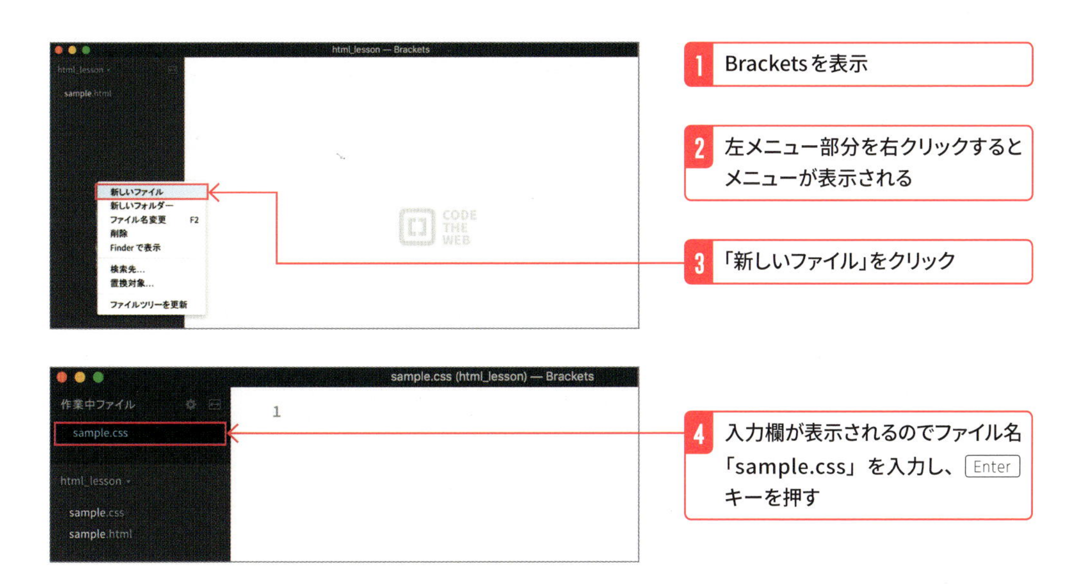

これでCSSファイルを用意することができました。

CSSファイルは単体で使用するのではなく、HTMLファイルから読み込むことではじめて反映されます。

それではHTMLファイルから作成したCSSファイルである「sample.css」を読み込んでみましょう。

HTMLファイルは前Chapterで作成した「sample.html」を利用しましょう。「sample.html」内のコードを全て消してしまい、以下のコードを書きましょう。

少々長いですが、HTMLの書き方の復習と思って書いてみてください。

POINT

HTMLもCSSも同じですが、コードを自分で書けるようになるためには何度もコードを書くことが大切です。HTMLもCSSも、はじめは「これを作成するためにはどのコードを書けばいいんだっけ？」と迷ってしまうのが普通です。何度も書いて、ブラウザで表示結果を見て、正しく書けていることを確認して達成感を得ながら学習していきましょう。

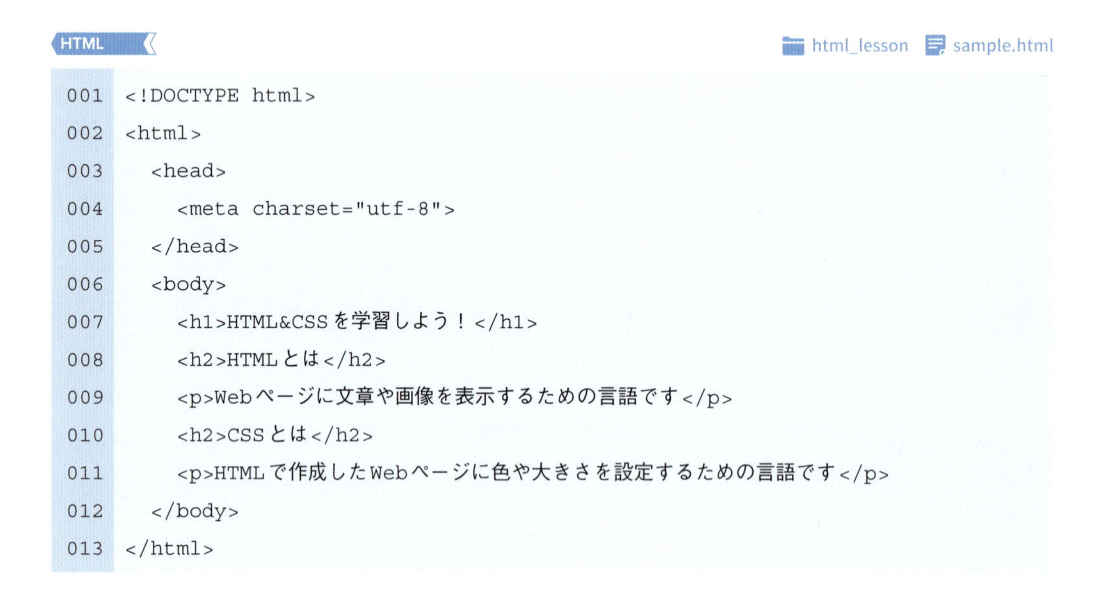

HTML　html_lesson　sample.html

```
001 <!DOCTYPE html>
002 <html>
003   <head>
004     <meta charset="utf-8">
005   </head>
006   <body>
007     <h1>HTML&CSSを学習しよう！</h1>
008     <h2>HTMLとは</h2>
009     <p>Webページに文章や画像を表示するための言語です</p>
010     <h2>CSSとは</h2>
011     <p>HTMLで作成したWebページに色や大きさを設定するための言語です</p>
012   </body>
013 </html>
```

上記のコードを書けたら、「sample.html」のブラウザでの表示を確認しましょう。以下のように表示されているでしょうか？　表示がおかしい場合は、1行ずつコードを見直してみましょう。どうしても間違いが見つからない場合は、完成形のサンプルファイルと見比べて間違いを見つけましょう。

HTML&CSSを学習しよう！

HTMLとは

Webページに文章や画像を表示するための言語です

CSSとは

HTMLで作成したWebページに色や大きさを設定するための言語です

ではこのHTMLファイル「sample.html」からCSSファイルを読み込んでみましょう。CSSファイルを読み込むには、**<link>**というタグを用います。「sample.html」の4行目<meta charset="utf-8">の下に、以下のコードを追加してください。

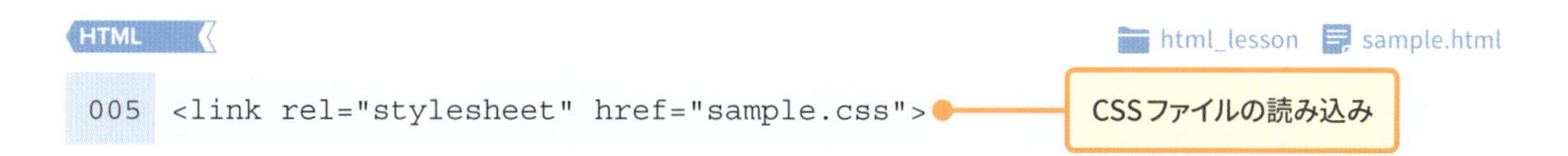

この1行の意味を簡単に説明すると、「rel」には**読み込むファイルの種類**を、「href」には**読み込むファイルへのパス**を指定します。「rel」に指定してある「stylesheet」というのは、CSSファイルのことです。

一度書いたものをコピーして利用すればいいので暗記する必要はないですが、「href」に指定するファイルパスはファイルによって異なるので、Chapter2のファイルパスの指定方法（p.37）を参考にしながら指定しましょう。

図 CSSファイルの読み込み方法

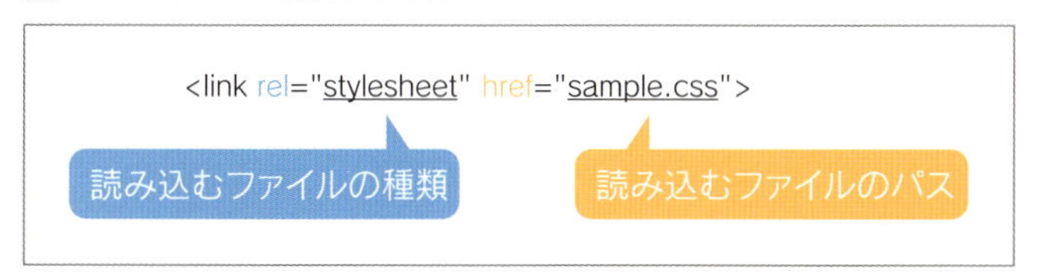

CSS の書式

それでは早速、CSSの中身を書いてみましょう。以下のコードを「sample.css」に追加してください。

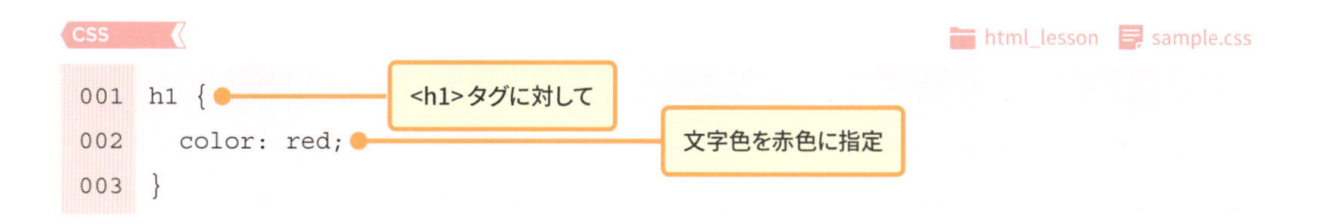

これははじめに説明した通り、<h1>タグの文字の色を赤色にするためのCSSです。

「<h1>タグの文字色を赤色にしてください」という意味です。colorやredなどの具体的な説明はのちほど詳しくします。

CSSでは、「h1」に当たる部分を**セレクタ**と言います。そして「color:red;」を**スタイル**と言い、「color」に当たる部分のことを**プロパティ**、「red」に当たる部分を**値**と呼ぶので覚えておきましょう。

具体的に説明すると、**セレクタ**はHTMLのタグなど、**CSSを指定したい対象**のことです。

スタイルは**指定したいCSSの内容**です。**装飾＝スタイル**と考えればわかりやすいですね。**プロパティ**は指定したい**装飾の種類**で、**値**は指定したい**装飾の種類の値**です。

図 CSSの基本構文

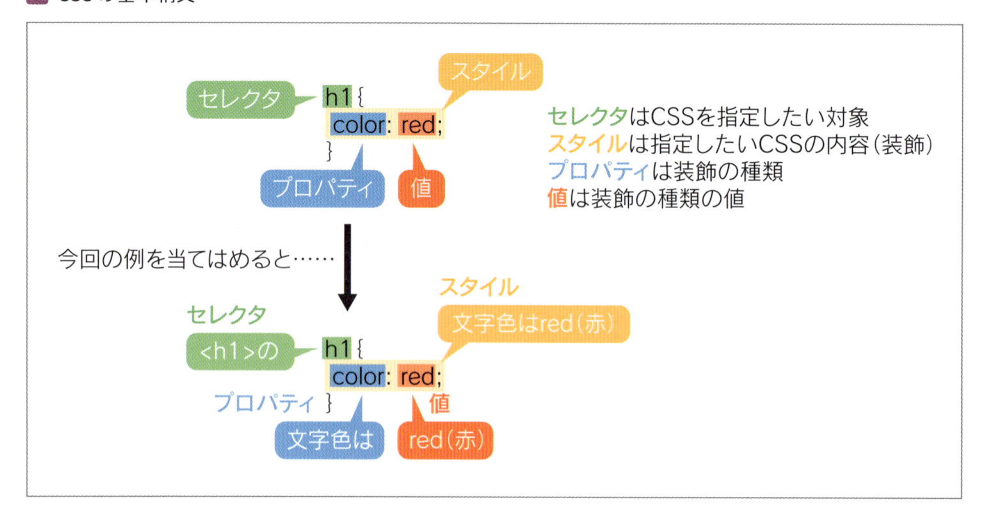

また、CSSにはある程度決まった書き方があります。スタイル全体は{ }（ブレース）で囲い、プロパティと値の間には:（コロン）を入れる。そして値の末尾には;（セミコロン）を入れましょう。

それから、どのセレクタに何のスタイルが指定されているのかわかりやすくするために、スタイルは一行にまとめて改行し、インデントを付けてあげましょう。

以下の図を見て、書き方をマスターしてください。

図 CSSの見やすい書き方

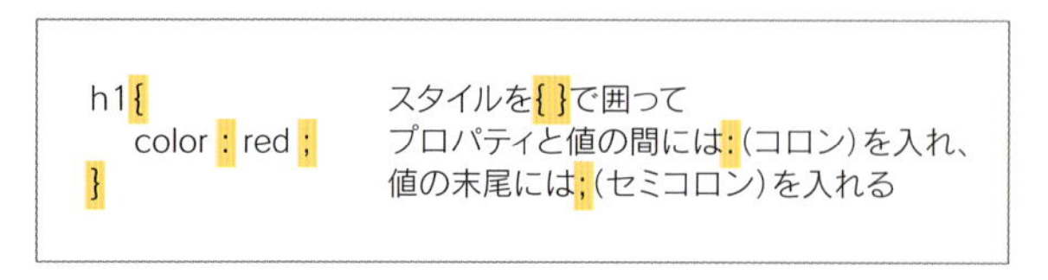

それでは前ページで指定したCSSを書いた「sample.css」を読み込んだ「sample.html」をブラウザで表示して確認しましょう。次ページの画面が表示されたかどうか確認してください。

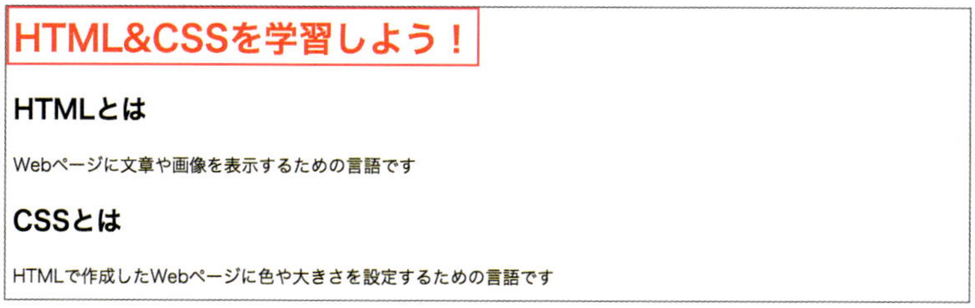

HTML&CSSを学習しよう！

HTMLとは

Webページに文章や画像を表示するための言語です

CSSとは

HTMLで作成したWebページに色や大きさを設定するための言語です

上画像で赤枠で囲っている部分のように、「sample.html」の中の<h1>タグで表示している文字が赤く表示されていることが確認できたでしょうか。もし赤く表示されていない場合は、HTMLとCSSのコードを見直してみましょう。文字の抜けやファイルパスの指定が異なっていると正しく表示されないので、焦らずゆっくりと確認することが大切です。

また、CSSでは1つのセレクタに対して複数のスタイルを指定することもできます。「sample.css」に以下のコードの3行目を追加してください。

CSS　　html_lesson　sample.css

```
001 h1 {
002   color: red;
003   font-size: 64px;
004 }
```

複数スタイルを指定する時も1つ目と同じ書き方で追加

「font-size」とは文字の大きさを指定するためのプロパティです。この場合、<h1>の文字は赤色で、64pxという大きさで表示されます。「font-size」の「-（ハイフン）」は半角で入力しましょう。

では、ブラウザに表示している「sample.html」を更新して表示結果を確認しましょう。赤枠で囲っている部分のように文字が大きく表示されているでしょうか。

HTML&CSSを学習しよう！

HTMLとは

Webページに文章や画像を表示するための言語です

CSSとは

HTMLで作成したWebページに色や大きさを設定するための言語です

CSSの書き方について理解できたでしょうか？　次はさらに便利なCSSの書き方を学びましょう。

COLUMN

CSS のその他の参照方法

CSSファイルを用意せずに直接HTMLファイルにCSSを指定する方法もあります。こういう書き方もあるのか、と参考程度に見てみましょう。

書き方は2つあります。1つはHTMLの<head>タグ内にCSSを直接書く方法、もう1つはCSSを指定したいHTMLタグにCSSを直接書く方法です。

<head>タグ内にCSSを直接書く場合は、<head>タグ内の中に<style>タグを書き、その中に先ほどと同じようにCSSを書きます。具体的なコードの書き方は以下のようになります。

HTML

```
<head>
  <style>
    h1{
      color: red;
    }
  </style>
</head>
```

<head>の中にスタイル指定

CSSを指定したいHTMLタグに直接書く場合は、HTMLタグの属性(p.34)であるstyleにCSSのスタイルを指定します。

```
<h1 style="color: red;">HTML & CSS を学習しよう！</h1>
```

Lesson 3

セレクタの種類

class セレクタ

前Lessonで学んだように、CSSでは<h1>などのHTMLタグの文字色の変更などができることがわかったでしょうか。今度は<h2>の文字色を変更してみましょう。「sample.css」に以下のコードを追加してください。

CSS　html_lesson　sample.css

```
005 h2 {      <h2>タグにスタイル指定
006   color: orange;
007 }
```

それでは「sample.html」をブラウザで表示してください。以下のように、「HTMLとは」と「CSSとは」の2つの<h2>の文字色がオレンジ色で表示されているでしょうか。

HTML&CSSを学習しよう！

HTMLとは

Webページに文章や画像を表示するための言語です

CSSとは

HTMLで作成したWebページに色や大きさを設定するための言語です

このようにCSSでは、**セレクタ（p.53）に指定した対象全てに対して、指定したスタイルが反映されます。**

では、「HTMLとは」と表示している**1つ目の<h2>のみ**文字色を変更したい場合にはどうすればいいでしょうか？　そんな時は、**classセレクタ**という指定方法を使用します。

HTMLタグの属性には**「class」**という属性があります。classを使うことでHTMLのタグに固有の名前を付けることができます。実際に使い方を見てみましょう。

HTML　html_lesson　sample.html

```
009 <h2 class="html-title">HTMLとは</h2>
```

class属性に名前を付ける

この例では、<h2>タグに「html-title」という名前を付けました。付けた名前のことは**クラス名**と呼びます。クラス名は基本的に自由に付けることができます。

ただし、クラス名の途中でスペースを追加することはできません。また、クラス名は「後から見て何を表しているかがわかる」ことも重要なので、意味のある名前にするようにしましょう。日本語でも問題ありませんが、できるだけ半角英数字や半角記号(_(アンダースコア)、-(ハイフン)など)を用いるようにしましょう。

今度はこの「html-title」というクラス名を付けたHTMLタグに、CSSでスタイルを適用してみましょう。先ほど書いたCSSを、以下のように5行目のセレクタの箇所だけ変更してみてください。

```
005 .html-title {
006   color: orange;
007 }
```

class属性をセレクタに指定する際、**クラス名**「html-lesson」の**前には「.(ドット)」を付けましょう。**
それでは「sample.html」をブラウザで再読込して結果を確認してみましょう。

「HTMLとは」の部分のみがオレンジ色になったことが確認できたでしょうか？

次は、「CSSとは」の部分に別の色を付けてみましょう。まずは、「CSSとは」を表示している<h2>要素にクラス名「css-title」を付けます。「sample.html」に以下コードを書きましょう。

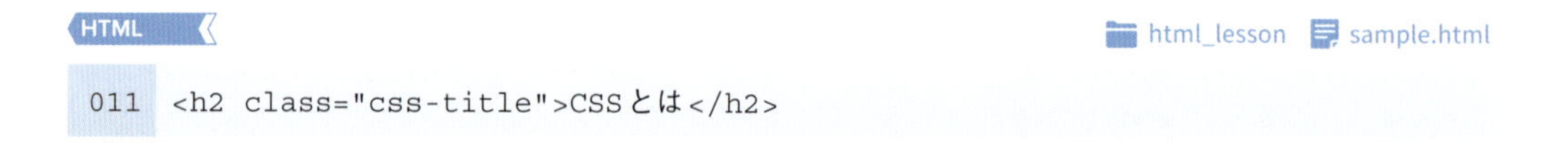


```
011 <h2 class="css-title">CSSとは</h2>
```

次に、「sample.css」に以下のCSSを追加してください。これまで学んできた内容の復習になります。クラス名「css-title」の前に「.（ドット）」を加えてセレクタとして指定し、スタイルには「文字色を青色にする」を表す「color:blue;」を指定します。

CSS　html_lesson　sample.css

```
008 .css-title {
009   color: blue;
010 }
```

クラス名「css-title」をセレクタに指定

それでは再びブラウザで「index.html」を再読込しましょう。「CSSとは」の部分のみの文字色が青色になっているでしょうか。

id セレクタ

HTMLタグにはclass属性の他に固有の名前を付ける属性として、id属性というものもあります。

HTML

```
<h2 id="css-title">CSSとは</h2>
```

id名「css-title」のh2タグ

CSS

```
#css-title {
  color: blue;
}
```

id名「css-title」をセレクタに指定

id属性に付けた名前、**id名は、Webページ内で1つのタグにしか使用できません。**反対に**class名は複数のタグに同じ名前を付けられます。**

複数セレクタの指定

これまでセレクタは1つのみを指定してきましたが、複数の要素をセレクタに指定することもできます。**「,(半角カンマ)」で区切ることで、同時に複数のセレクタを指定できます。** 以下のコードを見てください。ここでは<h1>と<h2>に囲まれた見出し全ての文字色を青に指定しています。

CSS

```
h1,h2 {
  color: blue;
}
```

h1、h2をセレクタに指定

また、上記コードのようにHTMLタグだけではなく、class名やid名も合わせて指定できます。

子孫セレクタ

親要素、子要素(p.43)というHTMLタグの関係性を利用して、特定の要素に対してスタイルを指定することができます。

例えば**<div>タグの中にある<p>タグのみ**にスタイルを適用したい場合は、**親要素と子要素の間に半角スペースを入れて**セレクタとして記述します。

CSS

```
div p {
  color: blue;
}
```

＜div＞タグの中の<p>タグをセレクタに指定

全ての HTML 要素を指定

「*(アスタリスク)」をセレクタに指定することで**全てのHTML要素**に対してスタイルを適用できます。

CSS

```
* {
  color: blue;
}
```

全ての要素に指定

Lesson 4

さまざまなCSSスタイル

CSSのスタイルを学ぶ前に

ここからは文字の色だけでなく、さまざまなCSSのスタイル（装飾）について学んでいきます。これから学ぶスタイルはWebページを作るに当たって基盤となるものばかりです。本書を読んで実際に使いながら徐々に覚えていきましょう。もし「あのスタイルを指定するCSSはなんだったっけ？」という時も、本書を見返して確認すれば大丈夫です。

「CSSではこんなことができるんだ！」と知識の幅を広げることが大切です。

文字の色、大きさ、種類、太字、下線

まずは文字に関するスタイルを学習しましょう。

文字色（color）

1つはこれまでにも登場した、文字の色を指定する**「color」**プロパティです。

colorプロパティの値には、「red」などの文字の色の名前だけではなく、カラーコードと呼ばれるものを使用できます。今回は<p>タグの色を変更してみましょう。「sample.css」に以下コードを追加して下さい。

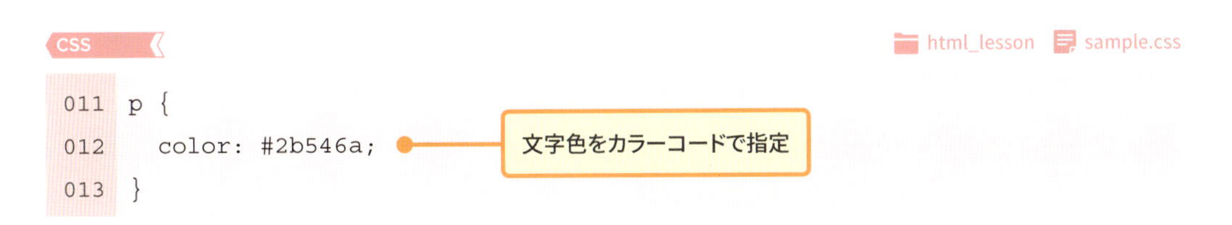


```
011 p {
012   color: #2b546a;
013 }
```

HTML&CSSを学習しよう！

HTMLとは

Webページに文章や画像を表示するための言語です

CSSとは

HTMLで作成したWebページに色や大きさを設定するための言語です

先ほどのCSSでは、<p>タグの文字の色を、「#2b546a」という**カラーコード**で表される色（紺色）に指定しています。カラーコードの先頭には「#（シャープ）」を付ける必要があり、文字数はシャープを除いて6文字になっています。カラーコードで色を指定すると、色名よりも多くの色を指定できます。

カラーコードで自分の指定したい色を探す方法はいくつもありますが、Google検索でキーワード「カラーピッカー」を指定して検索すると現れるカラーピッカーを利用するのがかんたんです。

図 Googleが提供しているカラーピッカー　※2018年9月現在

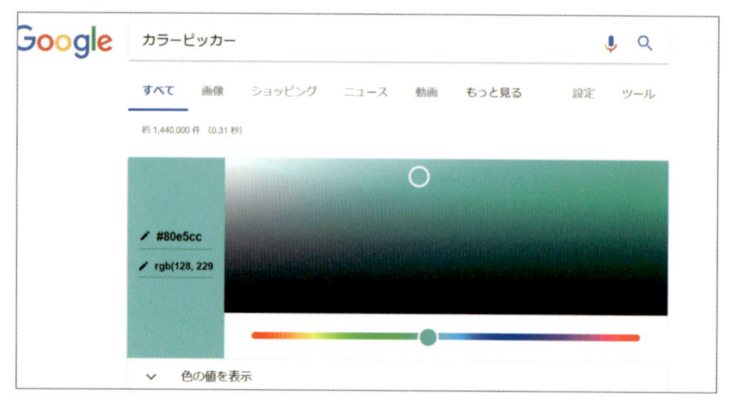

また、下画面のような、色とカラーコードをセットで説明しているWebサイトもあります。どんな色を選べばいいかわからない場合はこちらを参考にするといいでしょう。

図 原色大辞典

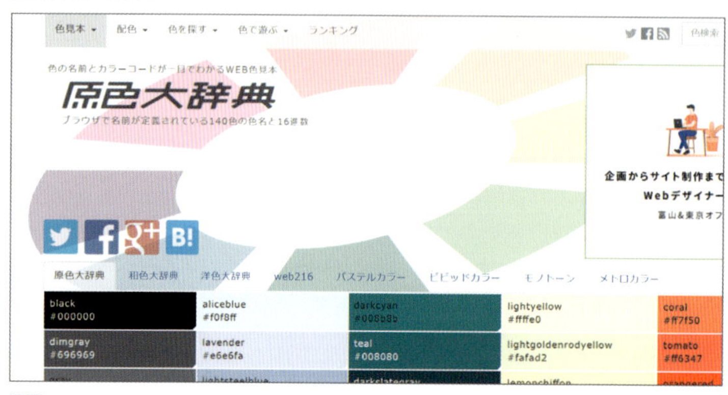

URL https://www.colordic.org/

CSS	color
説明	文字色を指定する。
値	色名、カラーコードなど
使い方	color: red;　文字色を赤色に指定 color: #ff0000;　文字色をカラーコード「#ff0000」に指定

文字の大きさ（font-size）

次は文字の大きさに関する指定です。文字の大きさは**「font-size」**というプロパティを用いることで調整できます。先ほど追加したスタイルの下に、以下のように加えましょう。

CSS

```
011 p {
012   color: #2b546a;
013   font-size: 18px;
014 }
```

文字の大きさを「18px」と指定

HTML&CSSを学習しよう！

HTMLとは

Webページに文章や画像を表示するための言語です

CSSとは

HTMLで作成したWebページに色や大きさを設定するための言語です

上記のコードでは、文字サイズを「18px」に指定しています。大きさを指定する単位はいくつか種類がありますが、頻用するのは「px（ピクセル）」です。

大きさを指定する単位には大きく2つの分類があり、絶対値の単位と相対値の単位があります。**絶対値**の単位とは今回使用した「px」のような、**ウィンドウサイズが変わっても必ず指定したサイズが適用される単位**です。

逆に**相対値**の単位とは、**ウィンドウサイズによってサイズも変更される単位です。**代表的なものに「%」「em」があります。こちらも今後使用していきますが、今はこういうものがあるのだなという認識だけで大丈夫です。

CSS	font-size
説明	文字のサイズを指定する。
値	px、em、%など
使い方	font-size: 18px;　文字のサイズを18pxに指定 font-size: 1em;　文字のサイズを1emに指定

文字の種類(font-family)

文字の種類(フォント)も指定できます。そのためには**「font-family」**というプロパティを使用します。先ほどと同じように、以下のようにスタイルを追加しましょう。

CSS

```
011 p {
012   color: #2b546a;
013   font-size: 18px;
014   font-family: serif;
015 }
```

文字のフォントを指定

HTML&CSSを学習しよう！

HTMLとは

Webページに文章や画像を表示するための言語です

CSSとは

HTMLで作成したWebページに色や大きさを設定するための言語です

上の例では、値に「serif」という種類のフォントを指定しています。

フォントを指定する際に注意したいのが、ユーザーの使用している端末(PC、スマホなど)に搭載されていないフォントはユーザーには表示されないということです。なので、むやみに変わったフォントを指定することは避けましょう。

一番安全なのは「sans-serif」か「serif」を指定してあげることです。「sans-serif」はゴシック体のフォントを、「serif」は明朝体のフォントを表示してくれます。

図 ゴシック体のフォント（sans-serif）

Webページに文章や画像を表示するための言語です

図 明朝体のフォント（serif）

Webページに文章や画像を表示するための言語です

ゴシック体は柔らかな印象を与えたい時や、タイトルや短い文章に使うといいでしょう。明朝体は洗練された印象を与えたい時、長い文章を読ませたい時に使用しましょう。

CSS	font-family
説明	文字のフォントを指定する。
値	serif、sans-serifなど
使い方	font-family: serif;　文字のフォントを明朝体に指定

太字（font-weight）

文字を強調したい時は太字にしましょう。<p>タグに以下のスタイルを追加してください。

CSS

```
011  p {
       ～略～
015    font-weight: bold;   ← 文字の太さを指定
016  }
```

HTMLとは

Webページに文章や画像を表示するための言語です

CSSとは

HTMLで作成したWebページに色や大きさを設定するための言語です

CSS	font-weight
説明	文字の幅を指定する。
値	bold、normalなど
使い方	font-weight: bold;　文字を太字に指定 font-weight: normal;　文字を標準の太さに指定

文字の下線(text-decoration)

文字に下線を引きたい場合は**「text-decoration」**プロパティを使用します。<p>タグに以下のスタイルを追加しましょう。

CSS

```
011  p {
       ～略～
016    text-decoration: underline;
017  }
```

文字に下線を指定

HTMLとは

Webページに文章や画像を表示するための言語です

CSSとは

HTMLで作成したWebページに色や大きさを設定するための言語です

CSS	text-decoration
説明	文字の傍線を指定する。
値	underline、line-throughなど
使い方	text-decoration: underline;　文字に下線を指定 text-decoration: line-through;　文字に打ち消し線を指定

背景色、背景画像

次はHTMLタグに背景色や背景画像を表示する方法を学びましょう。

まずは、「sample.html」の<h1>から<p>タグまでを<div>タグで囲み、「main」というclass属性を追加してみてください。次ページに追加したコードの状態を記述しています。

HTML　html_lesson　sample.html

```
008 <div class="main"> ● <div>だけ追加
009   <h1>HTML&CSSを学習しよう！</h1>
010   <h2 class="html-title">HTMLとは</h2>
011   <p>Webページに文章や画像を表示するための言語です</p>
012   <h2 class="css-title">CSSとは</h2>
013   <p>HTMLで作成したWebページに色や大きさを設定するための言語です</p>
014 </div>
```

このmainというクラス名が付いている<div>に対して、背景色を指定してみましょう。

背景に色を付けるには**「background-color」**というプロパティを使用します。値にはカラーコード(p.62)を指定しましょう。以下のコードを追加して、ブラウザの表示を確認してください。

CSS　html_lesson　sample.css

```
018 .main {
019   background-color: #ccffff; ● 背景色を指定
020 }
```

HTML&CSSを学習しよう！

HTMLとは

Webページに文章や画像を表示するための言語です

CSSとは

HTMLで作成したWebページに色や大きさを設定するための言語です

これで、クラス名「main」が付いた<div>タグの背景色を#ccffff（水色）に変更できました。

また、背景に画像を指定するには**「background-image」**というプロパティを使用します。値の部分は、以下のコードのように「url("画像のファイルパス")」と書きます。先ほどの背景色のスタイル指定を消して、以下のように書き換えてください。

CSS　html_lesson　sample.css

```
018 .main {
019   background-image: url("images/main.jpg"); ● 背景画像を指定
020 }
```

画像ファイルはサンプルファイルから同名の「main.jpg」をコピーして使ってください。

なお、背景色と背景画像はページ全体に指定することも可能です。そのような場合には、見た目部分の全体を囲んでいる<body>タグに対して指定することで、ページ全体に背景を適用できます。「main」に指定していたCSSを全て消して、以下のコードを書いてブラウザで表示の確認をしましょう。

CSS　　html_lesson　sample.css

```
018 body {
019   background-color: #ccffff;
020 }
```

HTML&CSSを学習しよう！

HTMLとは

Webページに文章や画像を表示するための言語です

CSSとは

HTMLで作成したWebページに色や大きさを設定するための言語です

CSS	background-image
説明	背景に表示する画像を指定する。
値	画像のファイルパス
使い方	background-image: url("画像のファイルパス"); 「画像のファイルパス」に指定した画像を背景に表示する

CSS	background-color
説明	背景に指定した色を表示する。
値	色名、カラーコードなど
使い方	`background-color: red;` 背景色に赤色を指定 `background-color: #ccffff;` 背景色にカラーコード「#ccffff」を指定

COLUMN

画像形式について

ここまで特に説明してきませんでしたが、画像ファイルには何種類かの形式に分類されます。

まず、Webページで使用できる画像ファイルの主な種類には「JPEG」「PNG」「GIF」の3つがあります。それぞれの特長を知って、ケースに合わせて適切な画像ファイルを使用しましょう。

「JPEG」形式の画像ファイルは拡張子が「jpg」「jpeg」のものです。膨大な色数を再現できるので、**写真やグラデーション**のような色数が非常に豊かな画像を保存するのに向いています。ですが逆に、単調な色数の画像を保存すると画像が劣化してしまいます。

「PNG」形式の画像ファイルは拡張子が「png」のものです。JPEGと同じく、膨大な色数を再現できます。ただし写真のような膨大な色数の画像を保存するとファイルサイズも非常に大きくなってしまいます。なので、**イラストやアイコンなど、ある程度単調な色数の画像**を保存するのに向いています。

「GIF」形式の画像ファイルは拡張子が「gif」のものです。単調な色数の画像を小さいファイルサイズで保存できたので昔は重宝されていましたが、現在はPNGの方がより小さいファイルサイズで保存できるようになったので最近はあまり使用されません。ただしGIFはパラパラ漫画のようなアニメーション表現が可能であることが最大の特長です。

図 ファイル形式の種類

JPEG

写真やグラデーションが得意

PNG

イラストやアイコンが得意

GIF

アニメーション表現が可能

高さ、幅

ここからも引き続きさまざまなプロパティを学習していきますが、ここで一度練習用のHTMLファイルとCSSファイルを新しく用意しましょう。

「sample2.html」と「sample2.css」の2つのファイルを用意してください。作り方を忘れた人はp.22を参照しましょう。では、「sample2.html」には次ページのコードを記述してください。

HTML　　html_lesson　sampel2.html

```
001 <!DOCTYPE html>
002 <html>
003   <head>
004     <meta charset="utf-8">
005     <link rel="stylesheet" href="sample2.css">
006   </head>
007   <body>
008     <div class="box">正方形</div>
009     <p class="text">
010       サンプルテキストです
011       <br>
012       CSSを学びましょう
013     </p>
014   </body>
015 </html>
```

上記を書き終えたら、一度ブラウザで「sample2.html」を表示してみてください。

正方形

サンプルテキストです
~~サンプルテキストです~~

上の画像のような画面が表示されたでしょうか？　準備が整ったので、次の内容を学習していきましょう。

p.44で学んだブロック要素ですが、**このブロック要素には高さと横幅を指定できます。**今回はブロック要素に対して高さと横幅を指定する方法を知りましょう。

高さは「height」、横幅は「width」というプロパティを用います。また、値には大きさを指定します。大きさの単位は文字の大きさを指定した時と同じ(p.63)ですが、ここでは「px」で指定しましょう。

「sample2.css」の1行目から、下記のコードを追加してみてください。

CSS　html_lesson　sample2.css

```
001 .box {
002   background-color: #00ccff;
003   height: 200px;  ← 高さを指定
004   width: 200px;   ← 横幅を指定
005 }
```

これで「box」クラスのついている要素は、高さ「200px」横幅「200px」で表示されるようになりました。なお、今回は高さや横幅が変わったことがわかりやすいよう、背景に色を付けています。

また、widthプロパティは画像の大きさを指定するためによく単独で用いられます。画像の場合はそれぞれの画像によって縦横比が決まっているため、横幅(width)だけを指定することで高さも自動的に決まり便利です。

CSS	width
説明	横幅を指定する。
値	px、%など
使い方	`width: 200px;`　横幅を200pxに指定 `width: 100%;`　横幅を100%（要素の幅いっぱい）に指定

CSS	height
説明	高さを指定する
値	px、%など
使い方	height: 200px;　高さを200pxに指定 height: 100%;　高さを100%（ウィンドウサイズ1ページの高さいっぱい）に指定

要素の枠線（border）

HTMLの要素には、枠線を付けることも可能です。枠線を付けるためには**「border」**プロパティを用います。borderプロパティの値には、線の**「太さ」「種類」「色」**の3つの値を指定します。まずは「box」クラスのCSSに、以下のコードを追加してみましょう。ブラウザで「sample2.html」を表示すると、画像のように正方形に赤枠の線が表示されているでしょうか。

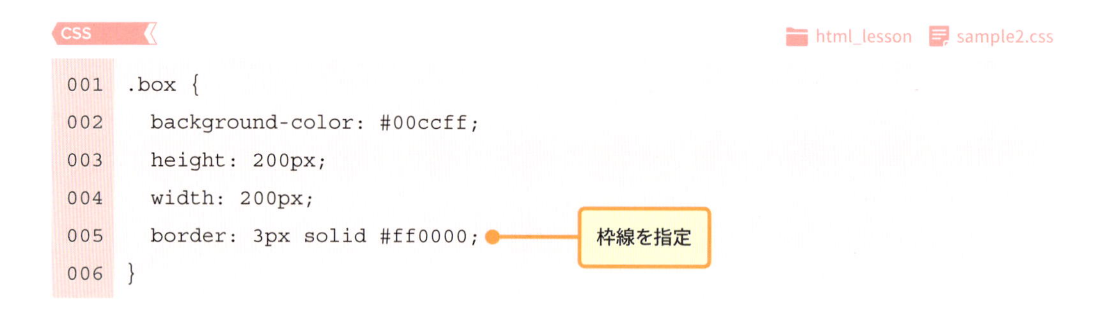

CSS　html_lesson　sample2.css

```
001 .box {
002   background-color: #00ccff;
003   height: 200px;
004   width: 200px;
005   border: 3px solid #ff0000;
006 }
```

この例では、太さが「3px」、種類が「solid」、色が「#ff0000」の枠線を付けるよう指定しています。それぞれの値は**半角スペースで区切りましょう。**

ここで指定した「solid」は1本の直線です。他にも線の種類には次ページのようなものがあります。

図 線の種類の一例

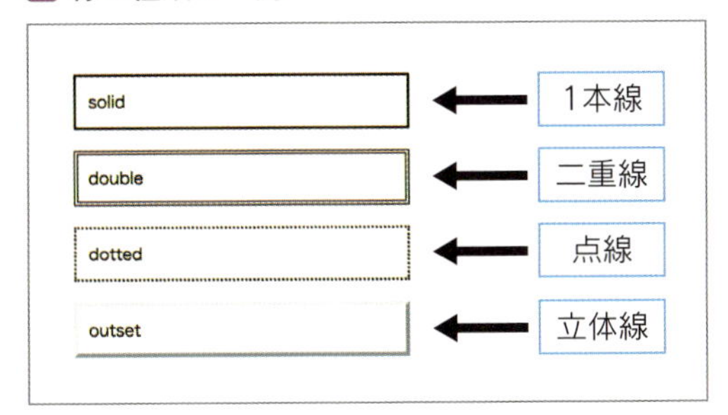

　また、上下左右を指定し、**特定の方向にのみ枠線を付ける**ことも可能です。先ほど追加したコードのプロパティ「border」を「border-bottom」と変えてみてください。ブラウザで「sample2.html」を確認すると、下の画像のように正方形の下部のみ赤い線が引かれていると思います。

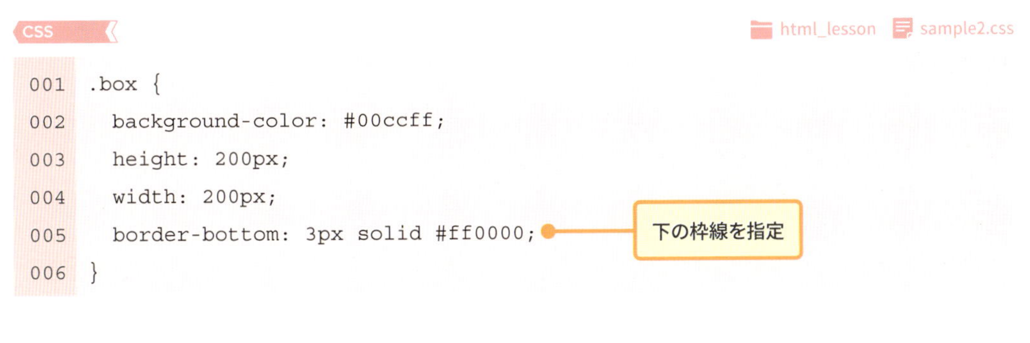


```
001 .box {
002   background-color: #00ccff;
003   height: 200px;
004   width: 200px;
005   border-bottom: 3px solid #ff0000;
006 }
```

　上記のコードでは、要素の下部分にのみ点線をつけることができます。上下左右はそれぞれ次ページのように指定するので、覚えておきましょう。

図 上下左右の枠線

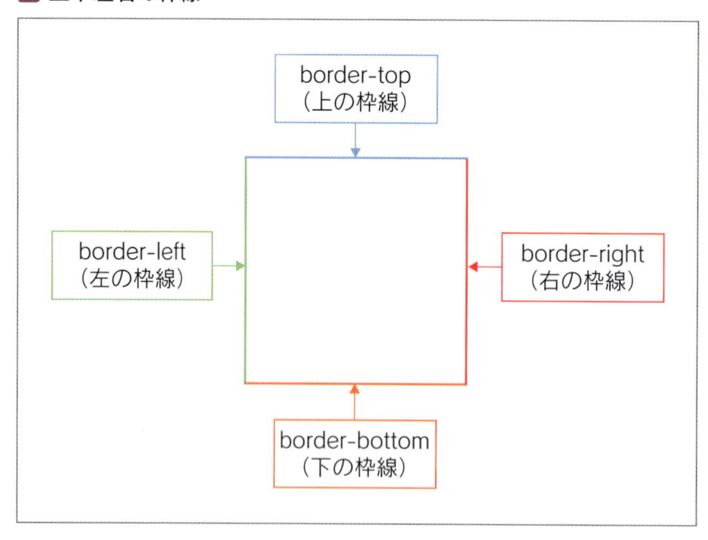

CSS	border
説明	枠線のスタイルを指定する。
値	枠線の太さ、種類、色
使い方	`border: 1px solid red;` 枠線の太さを1px、1本線、赤色に指定

CSS	border-top
説明	上の枠線のスタイルを指定する。
値	枠線の太さ、種類、色
使い方	`border-top: 1px solid red;` 上の枠線の太さを1px、1本線、赤色に指定

CSS	border-bottom
説明	下の枠線のスタイルを指定する。
値	枠線の太さ、種類、色
使い方	`border-bottom: 1px solid red;` 下の枠線の太さを1px、1本線、赤色に指定

CSS	border-left
説明	左の枠線のスタイルを指定する。
値	枠線の太さ、種類、色
使い方	`border-left: 1px solid red;` 左の枠線の太さを1px、1本線、赤色に指定

CSS	border-right
説明	右の枠線のスタイルを指定する
値	枠線の太さ、種類、色
使い方	`border-right: 1px solid red;` 右の枠線の太さを1px、1本線、赤色に指定

要素の余白（margin と padding）

次は、HTML要素の周りの**「余白」**というものについて学びましょう。CSSにおける余白の概念を理解することは非常に重要です。

余白には、要素の**外側の余白**と**内側の余白**の2つの種類があります。まずは外側の余白から説明します。

外側の余白（margin）

要素の外側の余白のサイズを指定するには、**「margin（マージン）」**というプロパティを使用します。下記のコードを「sample2.css」の6行目に追加してください。追加することで、「box」クラスの上下左右に50pxずつ余白を追加することができます。

CSS　html_lesson　sample2.css

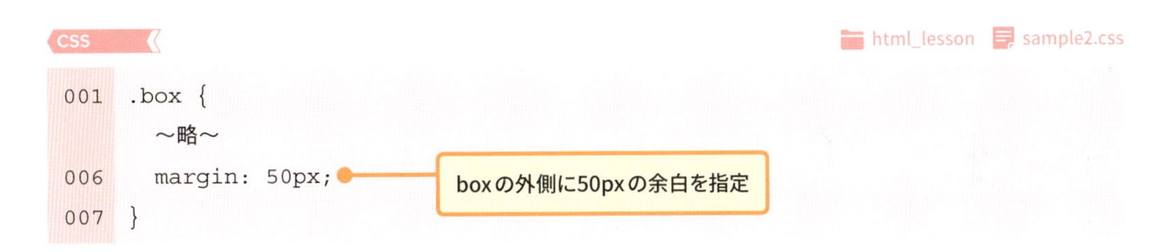

```
001 .box {
      ～略～
006   margin: 50px;
007 }
```


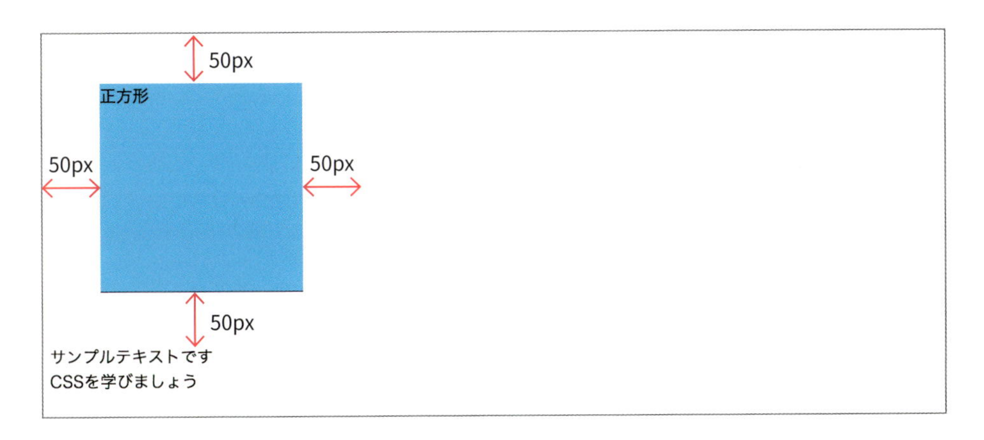

また、border（p.73）の時と同様に、上下左右を指定することもできます。先ほど追加したコードを以下のように変更することで、上に40px、左に10pxの余白をとることが可能です。

さらに、上下左右のmarginの指定には、より便利な書き方があります。以下のように、「margin」に対して複数の値を指定することで、上下左右の値をまとめて指定できます。

- **値が2つの場合**
  margin: 上下の値 左右の値
- **値が3つの場合**
  margin: 上の値 左右の値 下の値
- **値が4つの場合**
  margin: 上の値 右の値 下の値 左の値

特に値が4つの場合の指定方法は、上下左右それぞれ別の値を指定できるため、頻繁に用いられます。**「上から時計回り（上 右 下 左）」と覚えるのがおすすめです。**

CSS	margin
説明	指定した要素の外側の余白を指定する。
値	px、auto、0など
使い方	margin: 10px; 外側の上下左右の余白を10pxに指定 margin: auto; 外側の上下左右の余白を自動的に指定 margin: 0; 外側の上下左右の余白をなくすよう指定 margin: 10px 20px; 外側の上下の余白を10px、左右の余白を20pxに指定 margin: 10px 20px 15px; 外側の上の余白を10px、左右の余白を20px、下の余白を15pxに指定 margin: 10px 20px 15px 30px; 外側の上の余白を10px、右の余白を20px、下の余白を15px、左の余白を30pxに指定

内側の余白(padding)

今度は、要素の内側の余白について見てみましょう。内側の余白を指定するには**「padding(パディング)」**というプロパティを用います。値の指定方法はmarginと全く変わりません。下記コードの8行目の1行を追加してみてください。

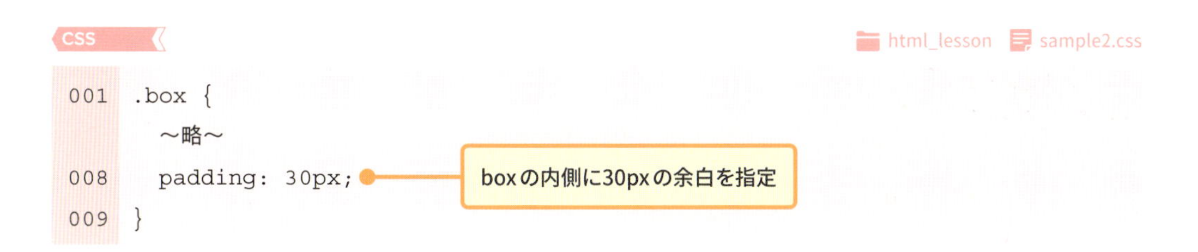

CSS　html_lesson　sample2.css

```
001 .box {
      ～略～
008   padding: 30px;
009 }
```


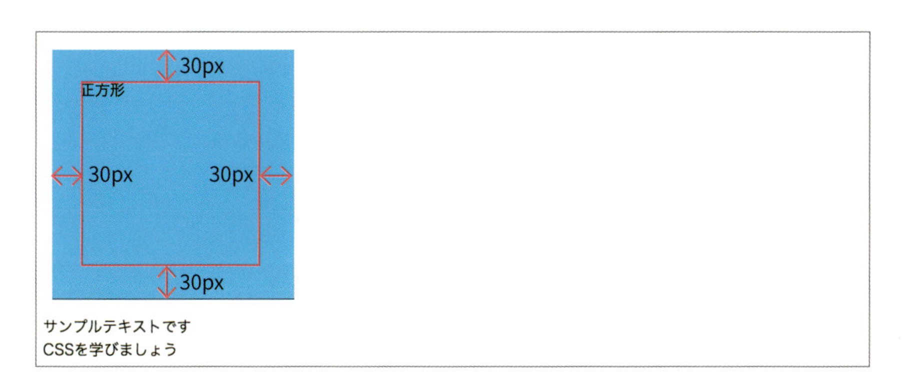

上の例では、上下左右のそれぞれに30pxの余白を指定しています。また、**上下左右それぞれの指定方法もmarginと全く同じ**なので、marginと合わせて覚えましょう。

CSS	padding
説明	指定した要素の内側の余白を指定する。
値	px、auto、0など
使い方	`padding: 10px;` 内側の上下左右の余白を10pxに指定 `padding: auto;` 内側の上下左右の余白を自動的に指定 `padding: 0;` 内側の上下左右の余白をなくすよう指定 `padding: 10px 20px;` 内側の上下の余白を10px、左右の余白を20pxに指定 `padding: 10px 20px 15px;` 内側の上の余白を10px、左右の余白を20px、下の余白を15pxに指定 `padding: 10px 20px 15px 30px;` 内側の上の余白を10px、右の余白を20px、下の余白を15px、左の余白を30pxに指定

marginとpaddingの違い

ここで、要素の「外側」と「内側」の違いは？　と感じた人もいるかと思います。要素の「外側」と「内側」の境界線は枠線、つまり「border」となります。以下の図で、HTML要素の周りを取り巻くプロパティについて復習してみましょう。

図 marginとpaddingの違い

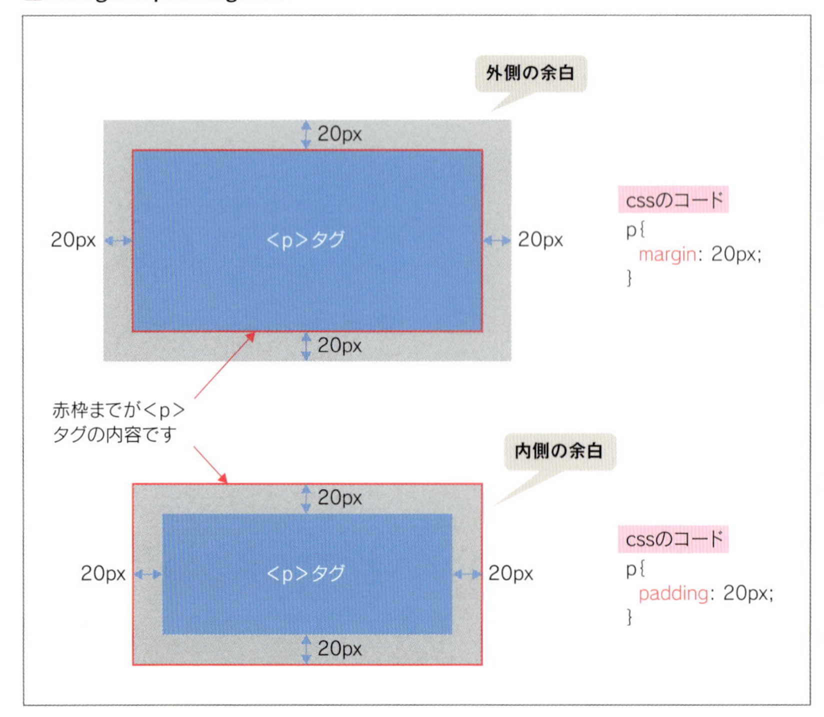

行間

次は、行と行の間隔、すなわち**行間**の大きさを調整する方法について学びましょう。行間を指定するには**「line-height」**というプロパティを用います。以下のコードを「sample2 .css」に追加しましょう。

CSS　html_lesson　sample2.css

```
010 .text {
011   font-size: 16px;
012   line-height: 20px;
013 }
```

行間を20pxに指定

サンプルテキストです
CSSを学びましょう

ブラウザで「sample2 .html」を確認すると、表示されている文字「サンプルテキストです」と「CSSを学びましょう」の行間が少し狭くなっています。この例では、文字の大きさが16pxのところ、行の高さを20pxに指定しました。つまり、行と行の間には 20px - 16px = 4px の隙間ができています。

また、line-heightでは、単位を付けずに指定することも可能です。以下コードの12行目のように「line-height」の値を「3」にして変更して、ブラウザの表示を確認してください。

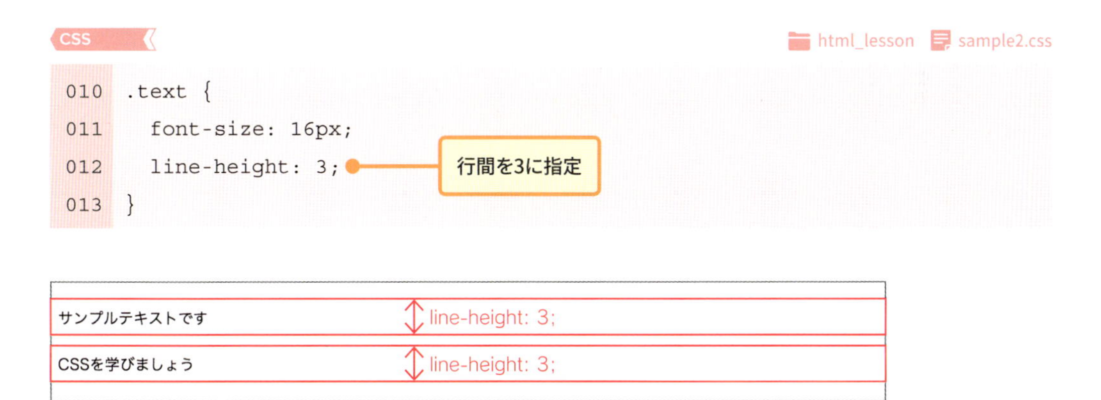

CSS　html_lesson　sample2.css

```
010 .text {
011   font-size: 16px;
012   line-height: 3;
013 }
```


このように単位を指定しない場合は、「line-height」の値は「font-sizeの値 × 指定した値」となります。つまり、上の例の場合では、16px × 3 = 48px となります。

CSS	line-height
説明	行間を指定する。
値	px、1.5、%など
使い方	`line-height: 16px;` 行の高さを16pxに指定 `line-height: 1.5;` 行の高さを文字サイズの1.5倍に指定 `line-height: 200%;` 行の高さを文字サイズの200%（2倍）に指定

文字の行揃え

文字の**行揃え**の指定方法も重要なので学んでおきましょう。**「text-align」**というプロパティを用いることで指定できます。以下のコードのように、13行目の一行を「sample2.css」に追加してください。

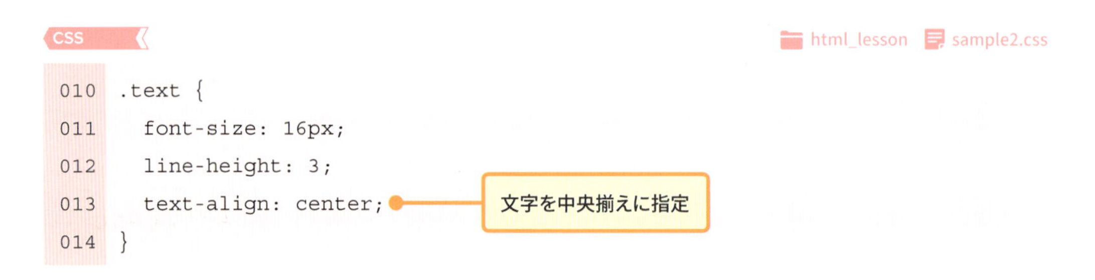

CSS　html_lesson　sample2.css

```
010 .text {
011   font-size: 16px;
012   line-height: 3;
013   text-align: center;
014 }
```


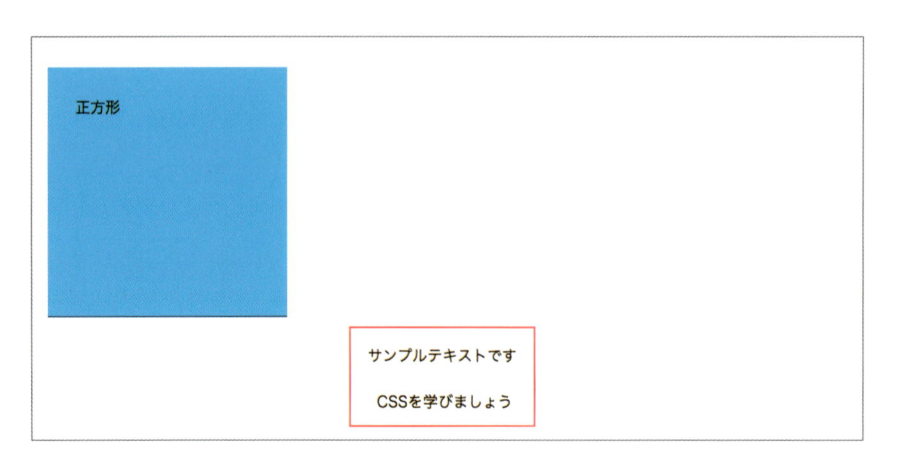

上の例では、<p>タグの文字を中央揃えに指定しています。text-alignの値には「center」以外に、「left」や「right」を指定できます。それぞれ文字を左揃え、右揃えにすることができます。頻繁に使うので覚えておくといいでしょう。

CSS	text-align
説明	文字の行揃えを指定する。
値	left、right、center
使い方	text-align: left;　文字を左揃えに指定 text-align: right;　文字を右揃えに指定 text-align: center;　文字を中央揃えに指定

カーソルの動作によるスタイルの変化（疑似クラス）

特殊なCSSの指定方法として、「**カーソルを乗せた時だけ**CSSを適用する」ということができます。今回はクラス名「box」のHTML要素にカーソルを乗せた時に背景色を変える、ということをやってみましょう。

CSSではセレクタの直後に「:hover」と記述することで、そのCSSをカーソルが乗っている時のみに適用できます。「sample2.css」に以下のコードを追加してください。

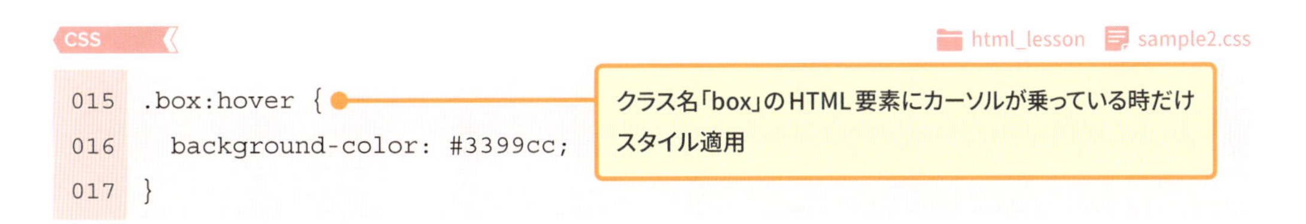


```
015 .box:hover {
016   background-color: #3399cc;
017 }
```

上記の画像のように、カーソルを乗せたときにクラス名「box」のHTML要素である正方形の色が暗い水色に変わりましたか？「.box」と「:hover」の間にはスペースを入れないように注意しましょう。

ここで使用した「:hover」は**擬似クラス**と呼ばれています。擬似クラスには他にもいくつかあり、よく使用されるものに「:active」があります。「:active」はその要素をクリックした時に、スタイルが適用されます。

Lesson 5

CSS3の活用

CSS3について学ぶ

CSS3とは、新たなCSSの規格（バージョン）であり、従来のCSSに加えていくつかの便利なプロパティなどが導入されました。ここからは、CSS3で追加された便利なプロパティのうち、代表的なものをいくつか学んでみましょう。

まずは学習を進めるために、「sample2.html」にコードを追加しましょう。以下コードに記述している14行目を</p>と</body>の間に追加してください。

HTML　html_lesson　sampel2.html

```
          ～略～
012       CSSを学びましょう
013     </p>
014     <div class="circle">円</div>
015   </body>
016 </html>
```

追加

また、「sample2.css」に以下のコードを追加してください。

CSS　html_lesson　sample2.css

```
018 .circle {
019   background-color: #ffcc00;
020   height: 200px;
021   width: 200px;
022   line-height: 200px;
023   text-align: center;
024 }
```

それでは「sample2.html」をブラウザで表示して、クラス名「circle」の<div>タグがどのように表示されているか確認しましょう。

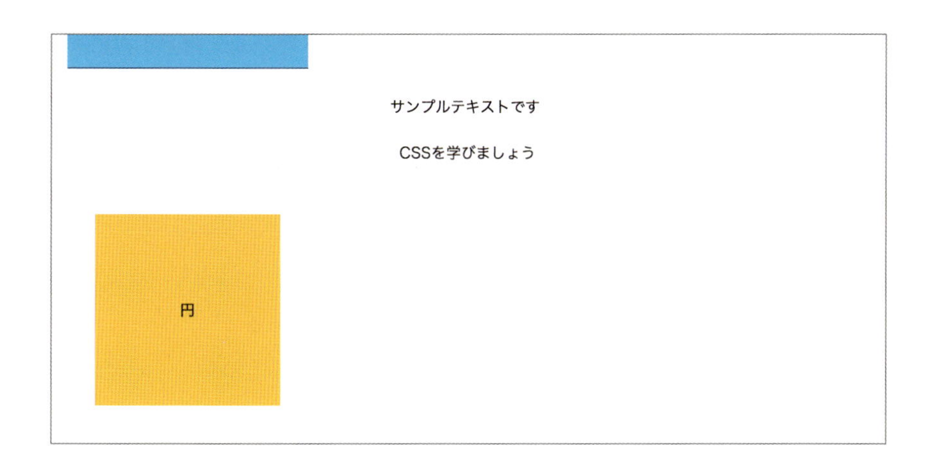

ページ下に、画像のように黄色い四角形が表示されましたか？ では準備ができたので、さらにCSSを勉強していきましょう。

角丸（border-radius）

まずは、**要素の角を丸くする**方法について学んでみましょう。**「border-radius」**というプロパティを用いることで、要素の角に丸みを付けることができます。値にはpxなどの単位を用いて大きさを指定します。以下のコードを「sample2.css」に追加してください。

CSS　html_lesson　sample2.css

```
018 .circle {
      ～略～
024   border-radius: 10px;  ← 追加
025 }
```

画像のように四角形の角が丸く表示されましたか？ 「border-radius」に指定した値（今回は10px）は、**数値が大きくなるほど丸みが大きくなります。**

また、**高さと横幅が同じ大きさの要素に対して、「border-radius」の値を「50%」と指定すると、円を表示することができます。**先ほどのコードを以下のように変更し、ブラウザで表示を確認してみましょう。

CSS　html_lesson　sample2.css

```
018 .circle {
      ～略～
024   border-radius: 50%;   ← 円を指定
025 }
```

CSS	border-radius
説明	要素の角を丸くする。
値	px、%など
使い方	border-radius: 10px;　要素の角の丸みを10pxに指定 border-radius: 50%;　要素を円として表示（縦横比が同一の場合）

ボックス要素に影をつける（box-shadow）

次に、ボックス要素に対して**影を付ける**方法を学びましょう。**「box-shadow」**というプロパティを用いることで、リアルな影を付けることができます。まずは以下のコードを追加してください。各値の間に半角スペースを入れるように入力しましょう。

CSS　html_lesson　sample2.css

```
018 .circle {
      ～略～
025   box-shadow: 4px 4px 10px 2px #d0cec6;   ← 影を指定
026 }
```

コードを入力し終えたら「sample2.html」をブラウザで表示してください。上の画像のように、円に影が付いているでしょうか？

「box-shadow」では今回追加したコードのように、最大4つの数値と色を指定できます。それぞれの数値は以下の内容を表しています。

- **1つ目…影の水平方向（横）の位置**
- **2つ目…影の垂直方向（縦）の位置**
- **3つ目…影のぼかしの距離**
- **4つ目…影の広がりの距離**

なお、後半の2つは省略することも可能です。それぞれの数値が表している内容はわかりにくいかと思いますが、これらは実際にbox-shadowに値を入れながら調整して決めるのが簡単です。

CSS	box-shadow
説明	要素に影を追加。
値	px、カラーコード、色名
使い方	box-shadow: 横の位置 縦の位置 ぼかしの距離 広がりの距離 色;

グラデーション（liner-gradient）

これまで背景色などは「red」のような色名や、「#2b546a」のようなカラーコードで指定してきました。これらが表す色は1色で、いわゆる「単色」でした。

CSS3では単色だけでなく、**グラデーションを指定できます。**まずは実際にコードを書いてみましょう。次ページの26行目のコードを追加してください。

CSS　html_lesson　sample2.css

```
018  .circle {
       ～略～
026    background: linear-gradient(0deg, red, yellow);
027  }
```

背景色にグラデーションを指定

まず、背景色をグラデーションにするには「background」プロパティを使います。

値の部分には「linear-gradient」という特殊な**値**を使用します。

上の例では「linear-gradient」の後の丸カッコの中に、「0deg」「red」「yellow」という**3つの値**がカンマ区切りで並んでいますね。これらはそれぞれ**「グラデーションの角度」「はじめの色」「終わりの色」**を表しています。今回の例では0度の位置(画面下)から赤色で始まり、黄色で終わるグラデーションを作成しています。

上記コードを反映させた「sample2.html」をブラウザで表示させると、以下のようにグラデーションがかかった丸が表示されたでしょうか。一つずつ値を見ていくと、案外簡単に作れてしまったかと思います。

「red」や「yellow」の位置にはカラーコードを指定することも可能です。以下のコードでは、45度の角度(左下から右上)で黄色からオレンジに変わるグラデーションを作成できます。

CSS　html_lesson　sample2.css

```
018  .circle {
       ～略～
026    background: linear-gradient(45deg, #ffcc00, #ff6600);
027  }
```

グラデーションにカラーコードを指定

ブラウザで確認すると、以下のようなグラデーションがかかった円が表示されます。

以上で、Webページを作成する上で身に付けておくべきCSSに関する説明は終わりです。ボリュームが多く、迷った部分もあるかもしれませんが、次Chapterから実際にCSSを使用していくと徐々に身に付いていきます。

Webページを作成する時にCSSのことでわからない疑問が生じたら、このChapter3を見返しましょう。

COLUMN

Brackets による入力補助

```
18 ▾ .main{
19       back
20   }     backface-visibility
21         background
           background-attachment
           background-blend-mode
           background-clip
           background-color
```

テキストエディタ「Brackets」を使用している人はすでにお気づきかと思いますが、CSSのコードを書いている際に上記のようなメニューが表示されることがあります。

これは、CSSプロパティや値を入力する際、Brackets側で自動的に入力候補を挙げてくれているものです。

例えばCSSプロパティ「background-color」を自分でキーボードに入力している途中、上記の画像のような入力候補が表示されます。こんな時は、キーボードの↑↓キーを押して、入力したい「background-color」を選択したら、Enterキーを押しましょう。これだけでファイルに「background-color」が入力されます。

CSSプロパティに限らず、HTMLタグなどでも入力候補が表示されるので、積極的に利用しましょう。

Chapter 4

Webサイトの作成

ここまでで学習したHTMLとCSSの知識を用いて、
Webサイトの作成に挑戦してみましょう。
今回はカフェの紹介サイトを作成します。

Lesson 1

作成するWebサイトとレイアウト

作成するWebサイトの構成

ここからは実際にWebサイトを作りながら、HTMLやCSSの書き方を学んでいきましょう。今回は架空の「Marine Coffee」というカフェの紹介サイトを作っていきます。

はじめに、作成するWebページを確認しておきましょう。本書では以下の図にある4つのWebページを順番に作ります。ゆっくりと理解しながら一歩ずつ作っていきましょう。

シングルページサイトはこのWebサイトを基にp.217から作り方を説明しています。

図 作成するWebサイト

Webページのレイアウトの種類

Webページにはさまざまな種類の**レイアウト**があります。本書で作成するレイアウトは**「シングルカラム」「グリッド」**と呼ばれるレイアウトですが、ここでは他によく使用されるレイアウトを含め4種類紹介します。参考サイトも同時に紹介しているのであわせて見ていきましょう。

シングルカラム

各内容が縦一列に並んでいるレイアウトです。**内容が縦に並んでいるので読みやすく、PCだけでなくスマートフォンやタブレットとも相性が良い**ため、Webサイトのトップページなどで頻繁に使用されます。

今回作成するWebサイト「Marine Coffee」のトップページ、お問い合わせページ、アクセスページがこのレイアウトに当たります。

図 参考サイト「Progate」

URL https://prog-8.com/

2カラム(マルチカラム)

縦一列に内容を並べるシングルカラムに対して、2列で並べるレイアウトのことを**2カラムレイアウト**と呼びます。また2列だけでなく、3列以上などのレイアウトもまとめて**マルチカラムレイアウト**と呼びます。

シングルカラムに比べて**狭い範囲で多くの情報を表示できるレイアウト**で、比較的昔から広く利用されています。

図 参考サイト「杉屋」

URL https://sugi-ya.jp/main/

COLUMN

カラムとは

勘の良い人なら気付いているかもしれませんが、これまでに度々出てきた単語**「カラム」**とは、**Webページにおける縦列のことです。**

1カラムは縦列が1つ、2カラムは縦列が2つ、3カラムは縦列が3つ……と続きます。マルチカラムとは複数の縦列を持つカラムの総称です。

Webページを作成する際には必ずと言っていいほど頻出する単語なので覚えておきましょう。

フルスクリーン

Webページの内容を画面いっぱいまで広げたレイアウトです。画面の幅を広く利用しているため、**1つ1つの内容を大きく表示できる**点が特徴です。こちらもシングルカラムと同じく、スマートフォンの普及とともに使用される例が増えてきました。

図 参考サイト「古宇利島」

「古宇利島」のWebサイトでは、古宇利島の美しい自然の写真を画面いっぱいに表示することで、古宇利島の魅力をユーザーに届けています。

URL http://kourijima.info/

グリッド

均等に複数の項目を並べられるため、商品一覧ページなどで利用されるケースが多いです。

今回作成するWebサイト「Marine Coffee」のメニューページのように、画面を格子状に分割し、複数の要素を上下左右に並べるレイアウトのことを指します。

図 参考サイト(嬉野茶時)

「嬉野茶時」のWebサイトの商品一覧ページでは、グリッドレイアウトが採用されており、商品が美しく整然と並んでいます。

URL https://ureshinochadoki.shop/

Lesson 2

Webサイト制作の前準備

Webサイトを作成する前に

Webサイトを作る時、**まずはWebサイト全体のページ構成を決め、その後に各ページ内の構造（レイアウト）を決めていきます。そしてそこまでの大枠が決まったら、実際にHTMLとCSSのコードを作成していきます。**

では、まずは今回作成するWebサイトの全体のページ構成を確認しましょう。

図 作成するWebサイトのページ構成

上図のように、**トップページを軸にしてメニューページ、アクセスページ、お問い合わせページが配置**されるイメージです。

それでは次に、各ページの構成を見てみましょう。

図 各Webページの構成

上図で各ページを見比べてみてください。実はこのWebサイトの**各Webページにはある共通点**を持たせています。それは**「ヘッダー」「コンテンツ」「フッター」**というページ構成です。

下図を見てみましょう。

図 各Webページの共通部分

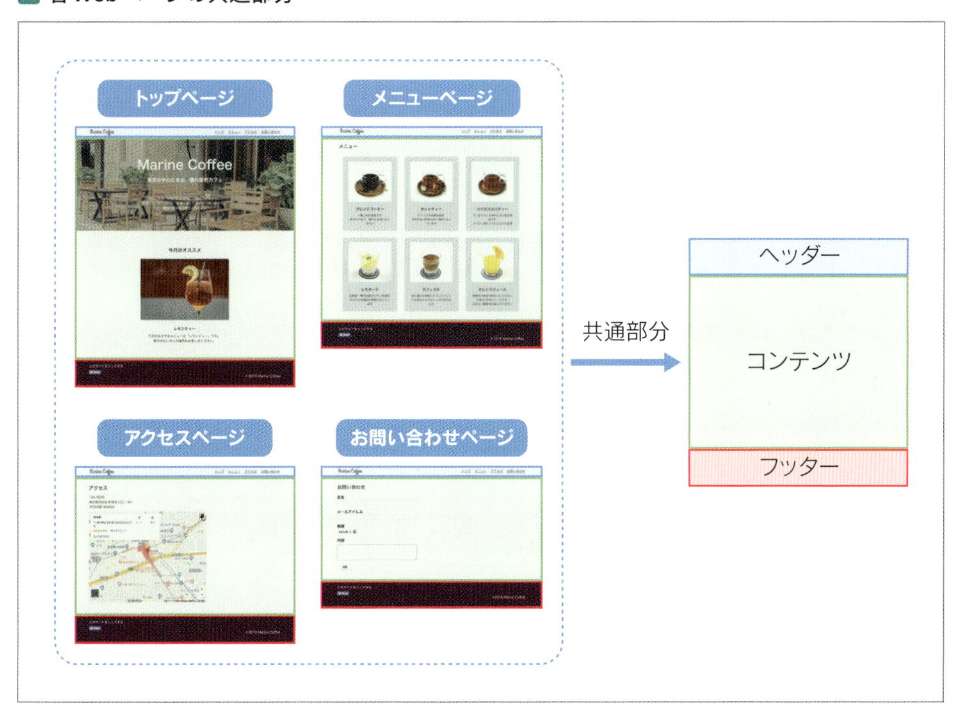

「ヘッダー」「コンテンツ」「フッター」の詳細については後ほどそれぞれ説明しますが、「ヘッダー」というページ上部の要素と、「フッター」というページ下部の要素が**4ページ全てに備わっている**こと、「コンテンツ」という枠内に**各ページそれぞれの要素がおさまっている**ことがわかるでしょうか。

Webサイトを作る時はまずこの共通部分を作成し、各ページ固有の要素を作成していきます。

基本となるHTMLとCSSの準備

それでは、まずはWebサイトのベースを作成します。

今回はこれまでに使っていた「html_lesson」フォルダとは別に、「marine_coffee」というフォルダを新しく作成して使います。

「marine_coffee」フォルダをテキストエディタ「Brackets」で開き、その中に「index.html」と「index.css」を作成してください。これらのファイルにそれぞれトップページのHTMLとCSSを記述していきます。フォルダやファイルの作り方を忘れた人はp.19を読み返しましょう。

図 フォルダ構成のイメージ

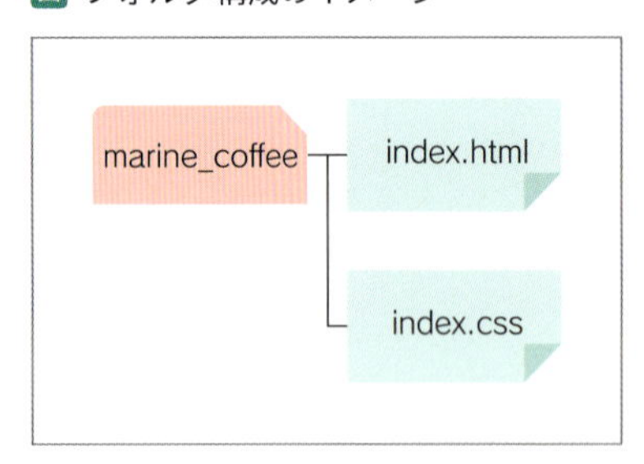

まずは、HTMLファイルに記述していきましょう。DOCTYPE宣言や<head>タグ、<body>タグはどのページにも必要なものなので、「index.html」には最初に以下のコードを書きます。

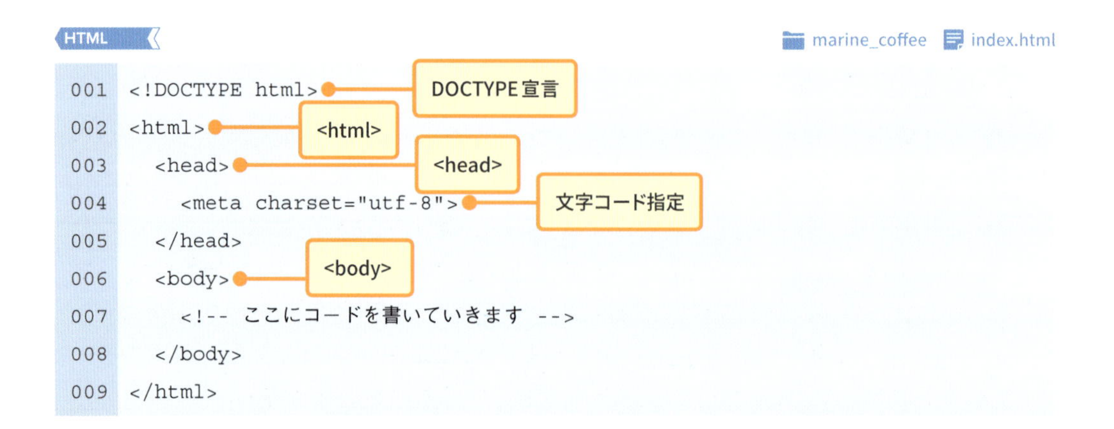


```
001 <!DOCTYPE html>
002 <html>
003   <head>
004     <meta charset="utf-8">
005   </head>
006   <body>
007     <!-- ここにコードを書いていきます -->
008   </body>
009 </html>
```

<head>タグの中に、CSSファイルを読み込むための<link>タグも追加しておきましょう。<title>タグも加えます。<title>タグで囲んだ文字列は、ブラウザでそのHTMLファイル（Webページ）を表示した時に表示されるタイトルになります。

図 <title>タグで表示されるWebページのタイトルのイメージ

HTML　marine_coffee　index.html

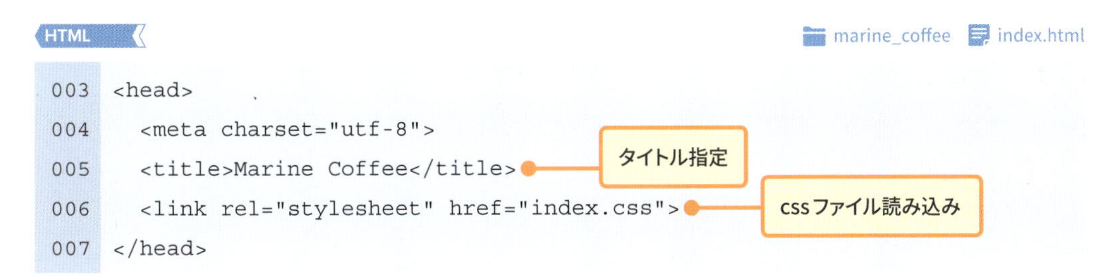

```
003 <head>
004   <meta charset="utf-8">
005   <title>Marine Coffee</title>
006   <link rel="stylesheet" href="index.css">
007 </head>
```


これでHTMLファイルの前準備は完了です。次Lessonから<body>タグの中に実際の見た目となるコードを書いていきましょう。

最後に、CSSファイルの方にも前準備となるコードを書いておきましょう。

HTMLファイルでは文字コードを指定する必要がありますが、CSSファイルでも同じです。「index.css」にも以下のように文字コードを指定しましょう。

CSS　marine_coffee　index.css

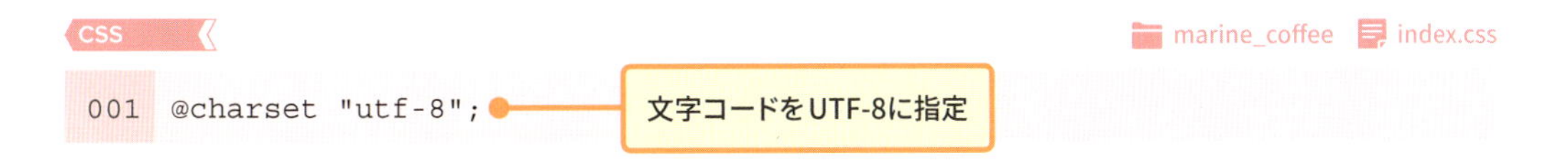

```
001 @charset "utf-8";
```


文字コードの指定は全てのCSSファイルで必要なので、忘れずに書きましょう。

また、これまで触れてきませんでしたが、**CSSを全く指定していない状態でも、ブラウザによってはデフォルト（初期状態）でいくつかのCSSが適用されていることがあります。**その中で、頻繁に適用されており、さらにレイアウト崩れを起こす原因となるものがmarginとpaddingです。これらをいったん無効化するためのコードを書きましょう。次ページのコードを記載してください。

CSS　marine_coffee　index.css

```
002 * {
003   margin: 0;
004   padding: 0;
005 }
```

marginとpaddingの設定を初期化

「＊（アスタリスク）」は、p.60で学習した通りですが、「全ての要素」を意味しています。

ここで注意して欲しいのが、この初期化のコードはCSSファイル内で指定しているスタイルの一番上に書くということです。文字コードの指定はファイルの文章への指定であるため、1行目に書かなければいけないので、その後ろの2行目から初期化のコードを書きましょう。このようにCSSファイルに指定しているスタイルとして一番上に書くことで、初期状態として全ての要素のmarginとpaddingの値が0である状態からコードを書きはじめることができます。

スタイルの上書き

先ほど追加した「＊（アスタリスク）」で「margin」の値を「0」に指定したため、例えば<h1>タグをHTMLに追加すると、<h1>の「margin」の値は「0」となります。

ですが、**CSSファイルの「＊（アスタリスク）の指定以降の行で**「h1」に対して「margin: 10px」と指定すると、スタイルが上書きされ、「0」ではなく「10px」の方が適用されます。

このように**CSSでは値を後から上書きできる**ということを覚えておきましょう。

HTML	title	終了タグ：必須
説明	Webページのタイトル。特に理由がない限り全てのWebページ（HTMLファイル）に指定すること。検索エンジンへの正確な情報提供にもなる。	

POINT

ファイル名、フォルダ名の名前の付け方には一定のルールがあります。そもそもファイルやフォルダの名前には付けられない一部の記号などもありますが、ふさわしい名前として使用する文字列を紹介します。半角小文字の英数字と、-(ハイフン)、_(アンダースコア) のみを使用しましょう。インターネットにアップロードする以上、運営者が管理しやすい名前を付けるためにはこのルールで命名するのが明快です。また、ファイル名であればWebページの内容としてふさわしいものを、フォルダ名であれば格納しているファイルの情報としてふさわしい名前を付けるようにしましょう。

ヘッダー部分の作成

ヘッダーのHTMLを作成する

Webページを作成する際には上から下に作っていくとスムーズに進められます。なので、まずは「ヘッダー」の部分から作成していきましょう。

ヘッダーとは、Webページの最上部に位置する部分のことを指します。**Webサイトのロゴや、各Webページへのリンク**などが主に配置されます。

今回は、以下の画像のようなヘッダーを作成してみましょう。

Marine Coffee　トップ　メニュー　アクセス　お問い合わせ

Webページを作っていく時は、まずはHTMLを書き、その後にCSSで装飾する、という順番で進めると効率的に作業ができます。なので、今回もまずはヘッダーのHTMLから書いていきましょう。

まずは、ヘッダーの全体を囲む<div>タグを用意します。<body>タグの中に以下のコードを書きましょう。

HTML　marine_coffee　index.html

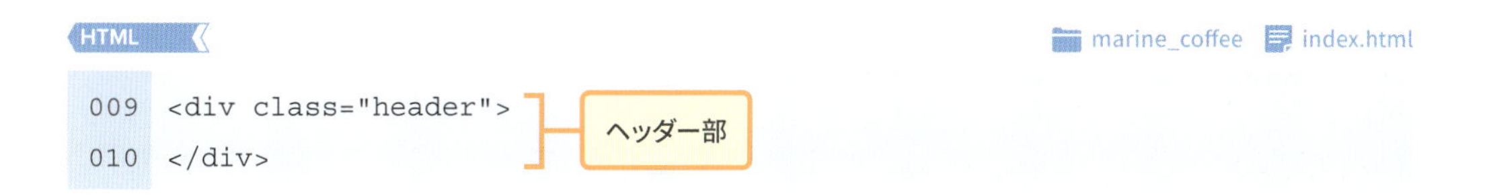

```
009 <div class="header">
010 </div>
```


次に、以下の図のように、ヘッダー部分は左右2つに分かれているので、「header-left」と「header-right」の2つの要素を用意しましょう。

図 ヘッダー部を左右2つに分けるイメージ

HTML　marine_coffee　index.html

```
009 <div class="header">
010   <div class="header-left"></div>      ← ヘッダー部左
011   <div class="header-right"></div>     ← ヘッダー部右
012   <div class="clear"></div>
013 </div>
```

12行目にクラス名「clear」の<div>タグも追加しています。この<div>を何に使用するかはのちほど説明するので、今は追加だけしておいてください。

「header-left」の中には「Marine Coffee」の**ロゴ画像**を配置します。

今回作成するWebサイトはロゴ画像も含めて複数の画像を使用するので、管理しやすいようにまとめて1つのフォルダに置きましょう。「marine_coffee」フォルダの中に新しく「images」フォルダを作成し、そのフォルダ内に画像を入れていきます。なお、画像ファイルは、サンプルファイルからコピーして使いましょう（画像ファイルはサンプルファイルのフォルダ「marine_coffee」の「images」にあります）。

画像を表示するには<img>タグを使います。サンプルファイルのロゴ画像のファイル名は**「logo.png」**なので、<img>タグに指定するファイルパス（src属性の値）はフォルダ名も含めて**「images/logo.png」**としてください。なお、**alt属性にはWebサイト名**を付けるといいでしょう。

それから、後からCSSでスタイルを追加するので、ここでは<img>タグに「header-logo」というクラス名を付けておきましょう。

HTML　marine_coffee　index.html

```
010 <div class="header-left">
011   <img class="header-logo" src="images/logo.png" alt="Marine Coffee">   ← ロゴ画像追加
012 </div>
```

次に、ヘッダー部右の**「header-right」**の中には**各ページへのリンク**を用意します。このような**各ページへのリンクが集まったものを「メニュー」**と言います。なお、今回作成するWebページの「メニューページ」の「メニュー」とは異なる意味合いなので気を付けてください。

Webサイトの主なWebページへのリンクをまとめたものが「Webサイトにおけるメニュー」で、今回作成するメニューページの「メニュー」は「お品書きという意味のメニュー」と認識するのがいいでしょう。

それではリンクを作成しましょう。リンクを作るには<a>タグを用いることを思い出してください。**<a>タグのリンク先（href属性の値）**には**各WebページのHTMLファイル名**を指定しましょう。

トップページには現在のファイル名「index.html」を指定し、メニューページは「menu.html」、アクセスページは「access.html」、お問い合わせページは「contact.html」とします。

下記にコードが記載されているので参照して「index.html」に書きましょう。

HTML　marine_coffee　index.html

```
013 <div class="header-right">
014   <a href="index.html">トップ</a>
015   <a href="menu.html">メニュー</a>
016   <a href="access.html">アクセス</a>
017   <a href="contact.html">お問い合わせ</a>
018 </div>
```

メニュー(リンクの集合)追加

トップページである「index.html」以外のファイルはまだ用意していないのでリンク部分をクリックしても「ファイルが見つかりませんでした」などのエラーページしか表示されませんが、これから順番に作っていくので安心してください。

ここまででヘッダーのHTMLはほぼできあがりました。ブラウザで「index.html」を表示すると下図のような画面になっているでしょうか？

Marine Coffee
トップ メニュー アクセス お問い合わせ

これでヘッダーのHTML部分の作成は完成です。のちほど、少しだけHTMLのコードを触りますがこれで大枠は作成できました。それでは、CSSで見た目を整えていきましょう。

ヘッダーのCSSを作成する

次はCSSファイル「index.css」に、ヘッダー用のCSSを追加していきましょう。

大枠を作成する

まずはヘッダーの大枠であるクラス名「header」の<div>タグに指定するCSSを書きます。下の完成形のヘッダーイメージを参考に、CSSを追加しましょう。

Marine Coffee　トップ　メニュー　アクセス　お問い合わせ

CSS　marine_coffee　index.css

```
006 .header {
007   height: 56px;
008   width: 100%;
009   box-shadow: 0 0 10px #dddddd;
010   background-color: white;
011 }
```

高さは56px
幅を最大まで広げる
下に影を付ける
背景は白色

widthの値の単位ですが、このように「%」を用いることで、親要素（今回の場合は<body>タグ全体）と比較して何パーセント、と割合で指定できます。ここでは、**ブラウザのウィンドウサイズが変更されても常にブラウザの横幅いっぱいに表示するよう「100%」を指定**しています。

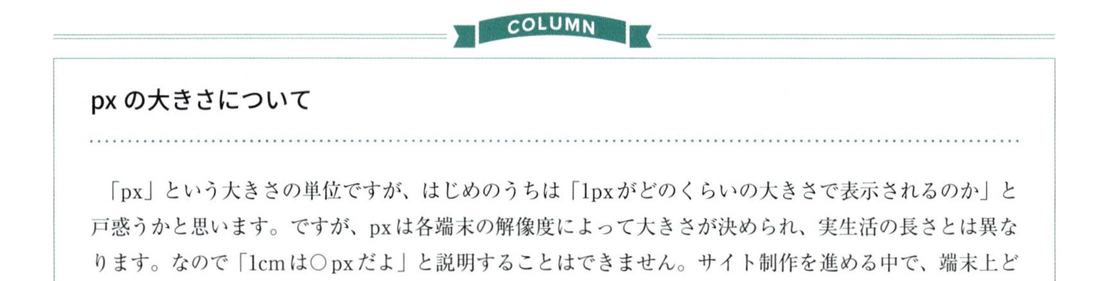

COLUMN

px の大きさについて

「px」という大きさの単位ですが、はじめのうちは「1pxがどのくらいの大きさで表示されるのか」と戸惑うかと思います。ですが、pxは各端末の解像度によって大きさが決められ、実生活の長さとは異なります。なので「1cmは○pxだよ」と説明することはできません。サイト制作を進める中で、端末上どれくらいの大きさになるのか徐々につかめてくるので、安心して進めてください。

要素を固定する

さらに今回は、ヘッダーの位置を常に固定するようにしてみましょう。常に固定するというのはつまり、**ページをスクロールしてもヘッダーを画面上部に常に表示し続ける**ということです。

下記コードの11, 12行目を追加してください。

CSS　marine_coffee　index.css

```
006 .header {
      ～略～
011   position: fixed;
012   top: 0;
013 }
```

固定表示
画面上部からの表示位置を0に指定

まず「position:fixed;」に関してですが、「position」とは「ポジション」という言葉通り、表示位置の設定をするプロパティです。そして今回「position」に指定した「fixed」という値は、ブラウザウィンドウの指定した位置に固定されて表示されるように設定するものです。なので、スクロールしても常に固定して表示されるというわけです。

また「top: 0;」というのはヘッダーを固定する位置を指定しています。topプロパティに指定した大きさ分、画面最上部から離れた位置に固定されます。例えば「10px」とすれば画面最上部から10pxだけ離れた位置で表示され、今回のように「0」を指定すれば、画面の一番上にくっついたような位置で表示されます。

図 ヘッダーの固定表示のイメージ

CSS	position
説明	表示位置を指定する。
値	fixed、absolute、relatedなど
使い方	`position: fixed;` 表示位置を固定 `position: absolute;` 絶対位置に指定 `position: related;` 相対位置に指定

CSS	top
説明	画面上からの位置を指定する。
値	数値、pxなど
使い方	`top: 0;` 画面上から0の位置に表示

ヘッダー内の要素を左右に配置する

次に、ヘッダーのロゴ画像を左に、メニューを右に寄せて表示させましょう。つまり、ロゴを設置したクラス名「header-left」のdiv要素を左端に、メニューを設置したクラス名「header-right」のdiv要素は右端に表示されるように指定します。

div要素というブロック要素を左右に配置する場合はプロパティ**「float」**を使います。下記のコードを書きましょう。

CSS　marine_coffee　index.css

```
014 .header-left {
015   float: left;      ← 左端に表示
016 }
017 .header-right {
018   float: right;     ← 右端に表示
019 }
020 .clear{
021   clear: both;      ← 回り込み解除
022 }
```

floatに「left」を指定すると、「left」という文字通り左端に配置されます。「right」と指定すると右端に配置されます。

さらにここで注意したいのが、「float」プロパティで要素の配置を指定するのはとても簡単なのですが、以降の要素にも配置の指定が適用されてしまいます。ざっくり説明すると、例えば「float : left;」と指定した要素の後に続く要素も続けて左寄せになってしまいます。なので、「float」プロパティを指定した後は必ず配置の指定（回り込みと言います）を解除しましょう。

回り込みの解除は「clear」プロパティを値「both」と指定するだけです。これは、左右両方向からの回り込みを解除するという意味です。このスタイルをp.100で追加したクラス名「clear」のdiv要素に指定しています。

上記コードを書いて保存したら、「index.html」をブラウザで表示して確認してみましょう。以下のようにヘッダーが表示されているでしょうか？

Marine Coffee　トップ メニュー アクセス お問い合わせ

CSS	float
説明	指定した要素の回り込みを指定する。
値	left、right、none
使い方	float: left;　指定した要素を左に回り込ませる float: right;　指定した要素を右に回り込ませる float: none;　指定した要素を回り込ませない

CSS	clear
説明	回り込みを解除する。
値	both
使い方	clear: both;　左右両方向からの回り込みを解除する

レイアウトを整える

次に、「header-left」の中のロゴ画像が適切な大きさ、位置に表示されるように調整しましょう。

CSS　marine_coffee　index.css

```
023 .header-logo {
024   height: 40px;
025   margin-top: 8px;
026 }
```

ロゴ画像が中央に表示されるよう調整

ヘッダーの高さは56pxに指定しているので、画像の高さを40px、上の余白を8pxとすることで、きれいに中央に画像が表示されるように計算してあります。

次に、ヘッダーの右側のメニュー部分も整えましょう。メニューそれぞれに指定したいので、<a>タグにスタイルを指定しています。

CSS　marine_coffee　index.css

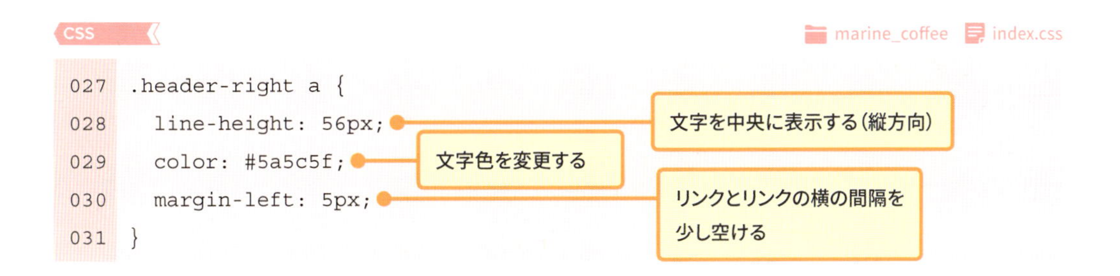

```
027 .header-right a {
028   line-height: 56px;
029   color: #5a5c5f;
030   margin-left: 5px;
031 }
```


ヘッダーの高さが56pxなので、「line-height」も同じ値にすることで文字を上下中央に表示できます。

メニューにカーソルを乗せた時に効果をつける

メニューのリンクにカーソルを乗せると背景色が付くようにしてみます。これはChapter3で学習した「hover」（p.81）を使うことで実現できます。次ページのコードを追加してください。

CSS　marine_coffee　index.css

```
032 .header-right a:hover {
033   background-color: #e2f1ff;
034 }
```

カーソルを乗せた時

背景色を「#e2f1ff」に変更

「a」と「:hover」の間にスペースを開けないように注意しましょう。「sample.html」をブラウザで表示してみてください。メニューのリンク文字の上にカーソルを乗せると、下図のように背景に水色が付くでしょうか。

トップ　メニュー　アクセス　お問い合わせ

ただ、背景に色が付く領域が狭くて少し寂しいですね。領域を広げるには、<a>タグの内側の余白である「padding」を追加しましょう。<a>タグのCSSに以下のコードを追加してください。

CSS　marine_coffee　index.css

```
027 .header-right a {
      ～略～
031   font-size: 16px;
032   padding: 16px 5px;
033 }
```

これで、以下の画像のように背景色が付く範囲が大きくなりました。

トップ　メニュー　アクセス　お問い合わせ

これでも十分なのですが、今回はさらに、背景色の変化に**アニメーション**を付けてみましょう。カーソルを乗せてすぐに色を変化させるのではなく、ゆっくりと色が変化していくようにしてみます。

CSSでアニメーションを実装するには**「transition」**というプロパティを使用します。「transition」ではさまざまなアニメーションが実現できるのですが、今回はシンプルな方法を学習しましょう。

「transition」プロパティの値に、「変化させるプロパティ」と「その時間」を指定します。リンクにカーソルを乗せた際の背景色の変化時にアニメーションを実行させたいので、以下のようにコードを追加してください。

CSS　marine_coffee　index.css

```
034 .header-right a:hover {
035   background-color: #e2f1ff;
036   transition: background-color 0.5s;
037 }
```

アニメーション追加

これは、**「background-color」の値を「0.5秒」かけて実行する**、というアニメーションになります。本書ではアニメーションの様子を伝えることはできませんが、実際に「index.html」をブラウザで表示して動作を確認してみてください。

CSS	transition
説明	アニメーションを実行する。
値	プロパティ 時間 スピードの種類 遅延時間
使い方	transition: プロパティ 1s;　「プロパティ」に指定したプロパティの値を1秒かけて実行する

全体の幅を制限する

ここまででヘッダーはほぼ完成しました。しかし、このページを幅の広い画面で見ると、以下のように要素がそれぞれ左右の端に寄りすぎてしまっています。

Marine Coffee　トップ　メニュー　アクセス　お問い合わせ

これでは見栄えが悪いので、以下のように左右の要素をやや中央に寄るように調整しましょう。

Marine Coffee　トップ　メニュー　アクセス　お問い合わせ

では、まずは「index.html」をテキストエディタで開いてください。ヘッダーの中身全体を囲む<div>タグを追加しましょう。クラス名は「container」と付けてください。次ページにコードが記述されているので位置を確認しましょう。

HTML　marine_coffee　index.html

```
009 <div class="header">
010   <div class="container">
011     <div class="header-left">
012       <img class="header-logo" src="images/logo.png">
013     </div>
014     <div class="header-right">
        ～略～
019     </div>
020     <div class="clear"></div>
021   </div>
022 </div>
```

<div>追加

次に、追加したクラス名「container」のCSSを書いていきます。

CSS　marine_coffee　index.css

```
038 .container {
039   max-width: 980px;
040   padding: 0 30px;
041 }
```

幅は最大で980pxまで

左右に30pxずつ余白

上のコードのように、プロパティ**「max-width」**を用いることで、その要素が取りうる**幅の最大値**を指定できました。

CSS	max-width
説明	横幅の最大値を指定。
値	px、%など
使い方	max-width: 1000px;　横幅は最大1000pxまで広がる

要素を中央に配置する

全体の幅を調整することができましたが、この状態では以下の画像のように全体的に左寄りになってしまいます。

Marine Coffee　トップ　メニュー　アクセス　お問い合わせ

これを回避するためには、クラス名「container」に指定した要素自体が中央に表示されるように指定する必要があります。以下の2行を「container」クラスに追加してみましょう。

CSS　marine_coffee　index.css

```
038 .container {
      ～略～
041   margin-left: auto;
042   margin-right: auto;
043 }
```

containerを中央表示

このように**左右のmarginに「auto」と指定**することで、クラス名「container」のdiv要素が**常に画面の中央に表示**されるようになります。

これで、以下のようなヘッダーが完成しました！

Marine Coffee　トップ　メニュー　アクセス　お問い合わせ

Lesson 4

コンテンツ部分の作成(トップページ)

コンテンツ部分の作成について

ヘッダー部分が作成できたので、このLessonではコンテンツ部分を作成していきましょう。コンテンツ部分はページによって内容が異なるので、まずはWebサイトの軸となる「トップページ」のコンテンツ部分を作成してみましょう。

トップページのコンテンツ部分は、横いっぱいに表示された「メインビジュアル」と、トップページの内容である「メイン」とに分けて作成していきましょう。

図 トップページの構成

メインビジュアルの作成

では、まずはメインビジュアルを作成します。メインビジュアルはWebサイトにアクセスして一番最初に目を引く部分なので、背景に画像を使用して、インパクトのあるデザインにします。

HTMLの作成

今回もヘッダーの時と同様に、まずはHTMLから先に作成していきましょう。はじめに、**全体を囲む<div>要素**を用意します。コードは前回作成したクラス名「header」の<div>の閉じタグ直後から書きはじめましょう。

クラス名はわかりやすいよう「main-visual」と付けましょう。

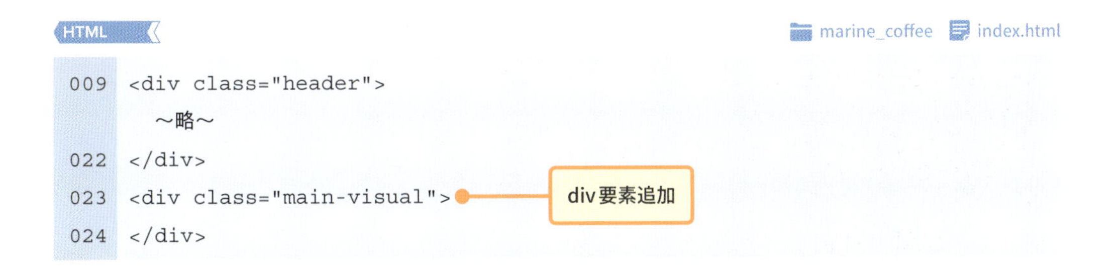


```
009 <div class="header">
      ～略～
022 </div>
023 <div class="main-visual">
024 </div>
```

また、前Lessonでも調整しましたが、ブラウザのウィンドウサイズの横幅が広い場合、Webページの内容が左右端に寄ってしまうことがないようCSSで調整しましょう(p.107)。

ただし、CSSのスタイルを再度記述する必要はありません。以前作成したクラス名「container」に指定しているスタイルをそのまま使用すればいいので、指定するためのHTML要素だけ新しく作成して、そこにクラス名「container」を指定しましょう。

下記コードを参考に、「<div class="main-visual">」の中に、「<div class="container">」を追加してください。

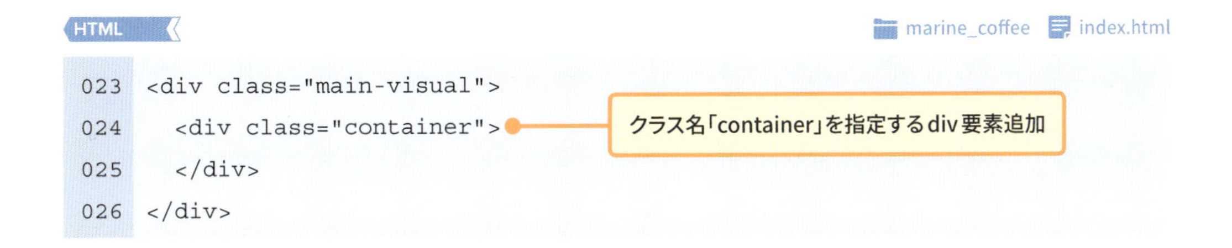


```
023 <div class="main-visual">
024   <div class="container">
025   </div>
026 </div>
```

では、メインビジュアル部分にWebサイトの概要を説明するテキストを設定しましょう。

ここでは上から順に**「タイトル(大見出し)」「サブタイトル(小見出し)」「説明文」**の3つを用意します。文章にメリハリを付けたいので、タイトルは<h1>要素、サブタイトルは<h2>要素、説明文は<p>要素をそれぞれ使いましょう。

図 タイトル、サブタイトル、説明文のイメージ

HTML　marine_coffee　index.html

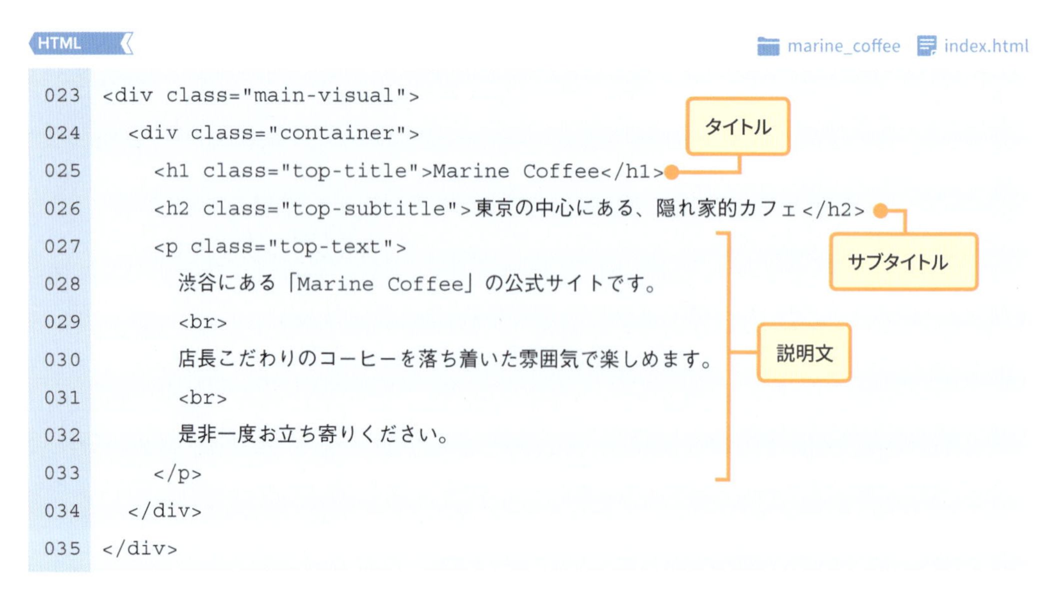

```
023 <div class="main-visual">
024   <div class="container">
025     <h1 class="top-title">Marine Coffee</h1>
026     <h2 class="top-subtitle">東京の中心にある、隠れ家的カフェ</h2>
027     <p class="top-text">
028       渋谷にある「Marine Coffee」の公式サイトです。
029       <br>
030       店長こだわりのコーヒーを落ち着いた雰囲気で楽しめます。
031       <br>
032       是非一度お立ち寄りください。
033     </p>
034   </div>
035 </div>
```


何を表しているのかひと目でわかるよう、タイトル(h1)には「top-title」、サブタイトル(h2)には「top-subtitle」、説明文(p)には「top-text」というクラス名をそれぞれ付けます。

これでメインビジュアル部分のHTMLは完成です。

CSSの作成

次に、「index.css」にスタイルを追加していきましょう。

メインビジュアル部分全体を囲むクラス名「main-visual」に、上下の内側の余白（padding）と、背景の画像（background-image）を指定します。背景の画像は、下記コードに記載されている本書のサンプルファイルにある同名の画像ファイルを使用してください。ファイルパスを正しく記述するように注意しましょう。

下記がクラス名「main-visual」に指定するCSSスタイルのコードです。

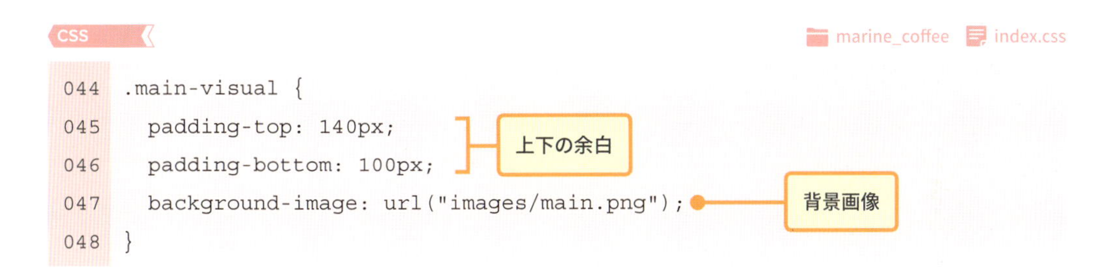


```
044 .main-visual {
045   padding-top: 140px;
046   padding-bottom: 100px;
047   background-image: url("images/main.png");
048 }
```

ここまで編集できたら、「top.html」をいったんブラウザで表示してみましょう。

するとブラウザのウィンドウサイズによっては、下の画像のように背景の画像が繰り返して表示されたり、途中で途切れて表示されてしまう場合があります。

これは、背景画像の原寸サイズに忠実に従って表示しているために起きてしまう問題です。この問題を防ぐために、**「background-size」**というプロパティを追加しましょう。

CSS　marine_coffee　index.css

```
044 .main-visual {
      ～略～
048   background-size: cover;
049 }
```

背景画像が要素のサイズに沿って表示される

「background-size」の値を「cover」と指定することで、**背景画像が要素をぴったりと覆うように表示されます。**

次に、メインビジュアル部分の文字、つまり「タイトル」「サブタイトル」「説明文」のスタイルを追加していきましょう。追加するスタイルは文字色と行揃えです。

3要素とも同じ値のスタイルを指定するので、これらの親要素である「main-visual」クラスに書けば作業の手間が減ります。以下のようにCSSを追加してください。

CSS　marine_coffee　index.css

```
044 .main-visual {
      〜略〜
049   color: #f5f5f5;        文字色指定
050   text-align: center;    中央寄せ
051 }
```

「タイトル」と「サブタイトル」それぞれ独自に指定するスタイルのCSSは一気に書いてしまいましょう。それぞれ「文字の大きさ」と「下の外側の余白」を指定します。

CSS　marine_coffee　index.css

```
052 .top-title {
053   font-size: 64px;
054   margin-bottom: 10px;
055 }
056 .top-subtitle {
057   font-size: 24px;
058   margin-bottom: 60px;
059 }
```

最後に、「説明文」だけ文字を少し透過させてみましょう。理由はのちほど説明します。

要素を透過させるには**「opacity」**というプロパティを使用します。「opacity」には0から1の値を指定し、**0だと完全に透明**に、**1だと逆に不透明な**状態になります。今回は少しだけ透明にしたいので、「0.9」という値を指定します。

CSS　marine_coffee　index.css

```
060 .top-text {
061   opacity: 0.9;          説明文を少し透明にする
062 }
```

今回のように、**少しだけ控えめに表示したい箇所は**文字の色を暗くする以外の方法として、**文字を透過させる**、という方法もあります。最近はこのように透過をうまく利用しているデザインも増えてきています。

これでメインビジュアル部分の作成は完了です。少し不安な内容があればこれまでのページに戻ってしっかりと復習してみてください。

CSS	background-size
説明	背景画像のサイズを指定。
値	coverなど
使い方	`background-size: cover;` 背景画像を指定要素のサイズで表示する

CSS	opacity
説明	不透明度を指定。
値	数値（0〜1）
使い方	`opacity: 1;` 指定した要素をそのまま表示 `opacity: 0.5;` 指定した要素を半透明で表示 `opacity: 0;` 指定した要素が見えないように指定

メイン部分の作成

次はメイン部分を作っていきましょう。

この部分はトップページの中央で目立つ部分なので、Webサイトの訪問者に**最初に見てもらいたい具体的な内容を表示**しましょう。例えばカフェやショップのサイトなどではおすすめの商品やお店の特長などを表示するのがいいかもしれません。今回は以下のように、画像を用いて今月のおすすめメニューを紹介します。

図 作成するメイン部分の完成形

HTMLの作成

いつものように、まずは**全体の大枠の要素**のHTMLから用意していきます。先ほど作成したトップ部分の下に、**「main」というクラスを持つ<div>**を作成しましょう。

HTML　marine_coffee　index.html

```
023 <div class="main-visual">
      ～略～
035 </div>
036 <div class="main">
037 </div>
```

div要素追加

さらに、表示する内容のレイアウトを調整するために用意した「container」をここでも利用します。

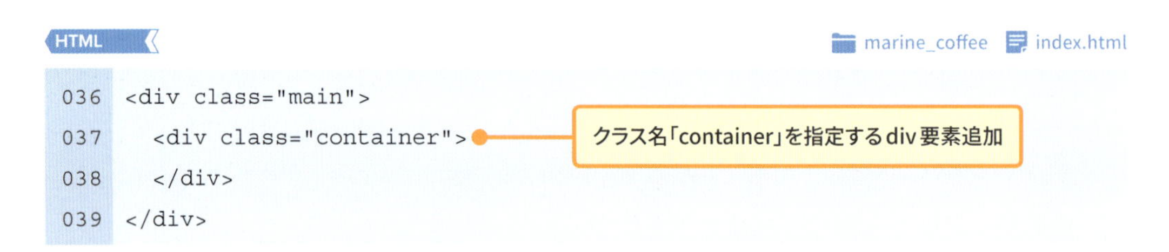

```
036 <div class="main">
037   <div class="container">
038   </div>
039 </div>
```


それでは、**「今月のオススメ」という見出し**と、**レモンティーの画像**を表示させましょう。見出しは<h2>タグ、画像には<img>タグを使います。

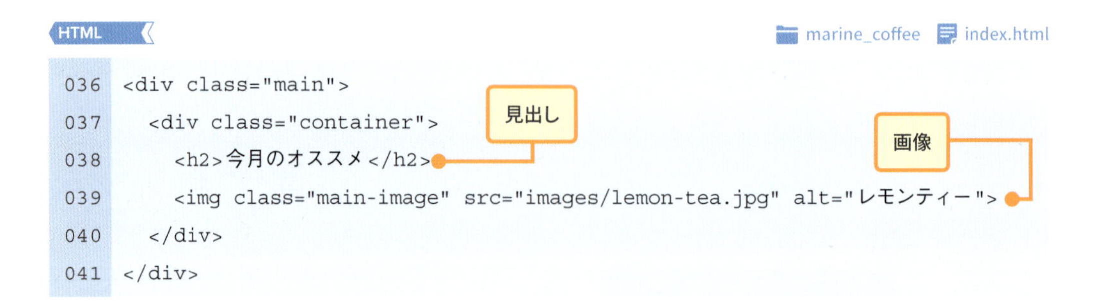

```
036 <div class="main">
037   <div class="container">
038     <h2>今月のオススメ</h2>
039     <img class="main-image" src="images/lemon-tea.jpg" alt="レモンティー">
040   </div>
041 </div>
```


画像ファイルはサンプルファイルの「lemon-tea.jpg」を使用しましょう。

<img>タグのsrc属性の値には画像のファイルパスである「images/lemon-tea.jpg」を指定し、さらに「main-image」というクラス名を付けます。

次に、**画像の下の「レモンティー」というタイトル**と、その**説明文**を作成しましょう。ここではそれぞれ<h3>タグと<p>タグを使います。

HTML　marine_coffee　index.html

```
038 <h2>今月のオススメ</h2>
039 <img class="main-image" src="images/lemon-tea.jpg" alt"レモンティー">
040 <h3>レモンティー</h3>
041 <p>
042   今月のおすすめメニューは「レモンティー」です。
043   <br>
044   爽やかなレモンの風味をお楽しみください。
045 </p>
```

画像のタイトル
説明文

<p>タグ内で改行する場合には
タグを使用しましょう。これでHTML部分は完成です。

CSSの作成

続いてCSSでスタイルを加えていきましょう。

「index.css」で、p.114で追加したメインビジュアル部分のコード直後から、メイン部分のCSSを付け加えていきます。まずは全体を囲む「main」クラスに対して、上下の余白と文字の色を指定しましょう。

CSS　marine_coffee　index.css

```
063 .main {
064   padding: 80px 0;
065   color: #5a5c5f;
066 }
```

上下の余白
文字色

さらに、メイン部分でも全体の文字などを中央寄せにするために、「text-align」プロパティの値を「center」で指定しましょう。

CSS　marine_coffee　index.css

```
063 .main {
      ～略～
066   text-align: center;
067 }
```

中央寄せ

次に、見出しや画像の大きさと余白を調整します。

CSS　marine_coffee　index.css

```
068 .main h2 {
069   margin-bottom: 25px;
070 }
071 .main-image {
072   width: 450px;
073   margin-bottom: 25px;
074 }
075 .main h3 {
076   margin-bottom: 10px;
077 }
```

これでメイン部分もほぼできあがりました。最後に、画像(main-image)に「box-shadow」プロパティを用いて影を付け、さらに「border-radius」で角を丸めて、柔らかな印象を持たせましょう。

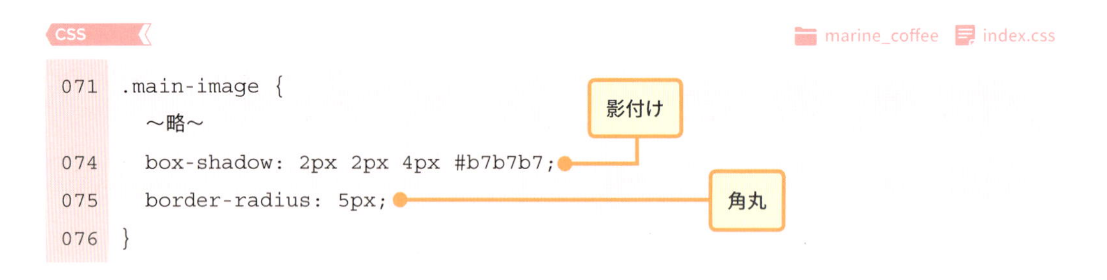


```
071 .main-image {
      ～略～
074   box-shadow: 2px 2px 4px #b7b7b7;
075   border-radius: 5px;
076 }
```

「index.html」をブラウザで表示して、下図のように表示されているか確認してください。これでメイン部分も完成しました。次ページからは、トップページ全体の最後の作成項目として、「フッター」を作成しましょう。

フッターの作成

フッターの作成について

トップページのほとんどが作成できました。このトップページの最後に、フッターを作成しましょう。これがトップページ最後の作成箇所なので、あと少しがんばりましょう！

本Lessonで作成するフッターの完成形は以下です。

図 フッターの完成形

完成形を見てみると、ヘッダーと同じように要素が左右に分かれていますね。**左側にはTwitter用のシェアボタン、右側にはコピーライト**が配置されています。

シェアボタンとは、クリックすることでこのWebサイトをTwitterなどのSNSサービスで共有できるボタンのことです。また、コピーライトとはWebサイトの著作権を表すための表記です。

以上を踏まえてフッターのHTMLとCSSを作成していきましょう。

HTML の作成

まずはフッター全体のHTMLを用意しましょう。div要素を作成して、クラス名「footer」を付けてください。

HTML　marine_coffee　index.html

```
036 <div class="main">
      ～略～
047 </div>
048 <div class="footer">
049 </div>
```

そしてこれまでと同様にクラス名「container」が付いたdiv要素を用意します。表示内容をやや中央寄せにするためのものでしたね。

そしてその中に、**Twitterシェアボタンを配置**するための**「footer-left」**と、**コピーライトを配置**するための**「footer-right」**を作ります。

HTML　marine_coffee　index.html

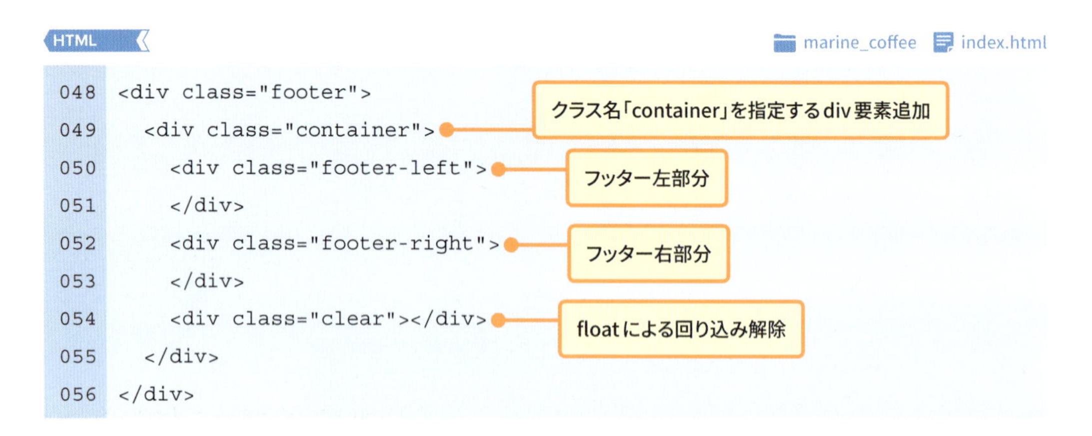


```
048 <div class="footer">
049   <div class="container">
050     <div class="footer-left">
051     </div>
052     <div class="footer-right">
053     </div>
054     <div class="clear"></div>
055   </div>
056 </div>
```

それでは、「footer-left」と「footer-right」の中に、それぞれフッターの左側と右側で必要となるHTML要素を追加していきましょう。

Twitterシェアボタンを設置する

まずはフッターの左側「footer-left」に配置するTwitterのシェアボタンから作成しましょう。

Twitterのシェアボタンは自分でコードを書く必要はありません。Twitterが公式に運営している、さまざまな自動生成ツールを提供しているWebサイトから簡単に必要なコードを取得できます。

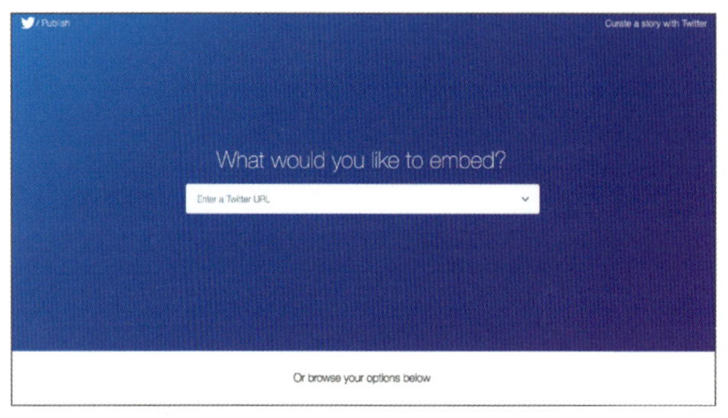

URL https://publish.twitter.com/

1 ブラウザから左記のWebサイトにアクセスする

Or browse your options below
Embedded Grid
Embedded Tweet
Embedded Timeline
Tweet
Twitter Buttons
2 左記の画像が表示されるまで画面をスクロール
3 「Twitter Buttons」の画像をクリック
Select the button you'd like to use
Share Button
Follow Button
Mention Button
Hashtag Button
Message Button
Quickly and easily Tweet a link.
Get updates from someone on Twitter.
Start a conversation, right from your website.
Join the global discussion on Twitter.
Message privately with anyone on Twitter.
4 左記の画面が表示されるので「Share Button」の画像をクリック
That's all we need, unless you'd like to set customization options.
By embedding Twitter content in your website or app, you are agreeing to the Developer Agreement and Developer Policy.
<a href="https://twitter.com/share?ref_src=twsrc%5Etfw" class="twitter-share-button" data-show-count="fal
Copy Code
Tweet
5 左記の画面が表示されるので水色の文字「set customization options」をクリック
Marine Coffee
username
hashtag
6 左記の画面が表示される
Do you want to prefill the Tweet text?
Marine Coffee
Do you want to set a specific URL in the Tweet?
https://
Would you like this Tweet to include your screen name?
@
username
7 Webサイトの名前を入力
8 WebサイトのURLを入力（空欄でも可）

What language would you like to display this in?
Automatic
Opt-out of tailoring Twitter [?]
Cancel Update

9 スクロールして「Update」ボタンをクリック

That's all we need, unless you'd like to set customization options.
By embedding Twitter content in your website or app, you are agreeing to the Developer Agreement and Developer Policy.
<a href="https://twitter.com/share?ref_src=twsrc%5Etfw" class="twitter-share-button" data-text="Marine Co
Copy Code

10 左記の画面が表示されるので「Copy Code」ボタンをクリックしてコードをコピー

これでTwitterシェアボタンのコードをコピーできました。それでは「index.html」を編集しているテキストエディタに戻りましょう。

フッターの「footer-left」の中に、以下の<p>タグと、先ほど取得したコードを追加してください。

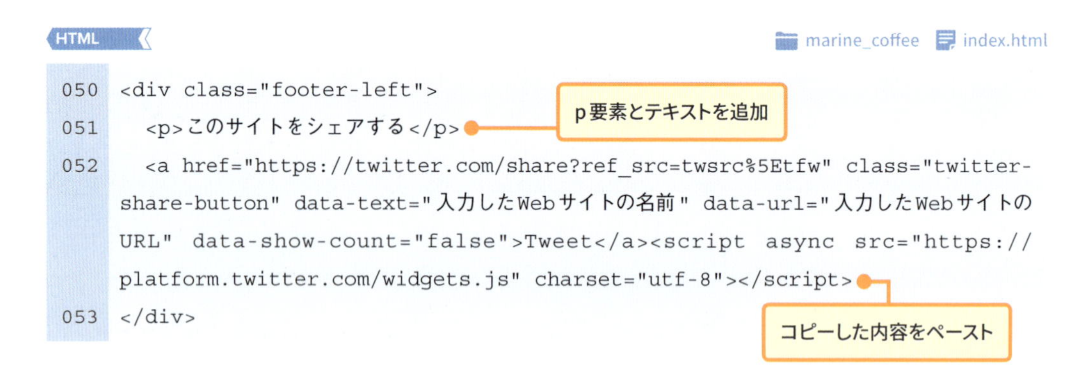

HTML　marine_coffee　index.html

```
050 <div class="footer-left">
051   <p>このサイトをシェアする</p>
052   <a href="https://twitter.com/share?ref_src=twsrc%5Etfw" class="twitter-
share-button" data-text="入力したWebサイトの名前" data-url="入力したWebサイトの
URL" data-show-count="false">Tweet</a><script async src="https://
platform.twitter.com/widgets.js" charset="utf-8"></script>
053 </div>
```


それでは「index.html」をブラウザで表示してください。以下のように、水色のボタンが表示されましたか？

表示されていない場合は、コピーしたコードを正しく貼り付けられているか、インターネットに接続しているか確認してみてください。

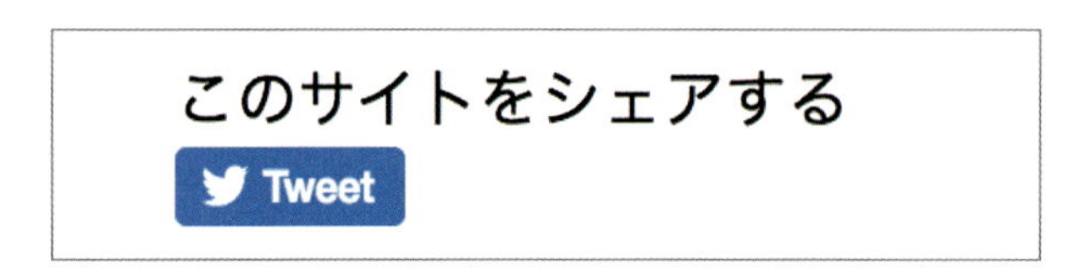

また、上画像に表示されている「Tweet」ボタンをクリックすることで、次ページのようにTwitterで簡単にツイートする画面を開くことができます。

POINT

上記画像はTwitterにログインしている状態で表示される画面です。ログインしていない場合はログイン情報を入力する画面が表示されます。

コピーライトの作成

次にヘッダーの右側「header-right」の中身を作成していきましょう。ここにはコピーライトと呼ばれる著作権に関する記述を追加します。コピーライトには、コピーライト（Copyright）を表す**「©」というマーク**と、その後ろに**年と、Webサイトを管理している法人や個人などの名前**を書きます。

HTML　marine_coffee　index.html

```
054 <div class="footer-right">
055   &copy; 2018 Marine Coffee.
056 </div>
```

「©」の部分は特殊な文字で、ブラウザ上では「©」と表示されます。特殊な文字をHTMLで書く場合にはこのような独自の文字列で記述します。

それでは正しく「©」が表示されているか、ブラウザで「index.html」を開いて確認しましょう。以下のように表示されているでしょうか？

© 2018 Marine Coffee.

これでフッターのHTMLは完成です！　あとはCSSを作成するだけです。もう一息、がんばりましょう。

COLUMN

特殊な文字の書き方

コピーライトを意味する「©」以外にも、HTMLにおいて特殊な文字として扱われている文字があります。例えばこれまで何度も使ってきた、タグの囲み記号である「<」「>」などがあります。

また、Macを利用しているユーザーは「¥（円マーク）」をそのままキーボードで入力すると文字化けする可能性があるのでHTMLで定められた文字列を使用して記述するようにしましょう。

代表的な特殊な文字とその書き方については以下の表にまとめてあるので、HTMLで記述する際にはこの表を見て書いてください。

表 特殊な文字とその書き方

ブラウザで表示される文字	HTMLでの書き方
©	©
<	<
>	>
&	&
"	"
¥	¥
（半角スペース）	

紹介した以外の特殊な文字（☆などの記号など）をWebページに表示したい場合は、Google検索エンジンなどでキーワード「HTML 特殊文字」と入力して調べてみましょう。

CSSの作成

次にフッターのCSSを追加していきましょう。まずはフッター全体の「高さ」「背景色」「文字の色」を指定します。メイン部分のCSSの後ろに追加していきましょう。

CSS　marine_coffee　index.css

```
080 .footer {
081   height: 120px;              ← フッターの高さ
082   background-color: #2f3a44;  ← フッターの背景色
083   color: #e8e8e8;             ← フッター上の文字色
084 }
```

次に、Twitterシェアボタンを配置する「footer-left」は画面左に、コピーライト表記をする「footer-right」は画面右に寄るようにfloatプロパティを指定しましょう。

CSS　marine_coffee　index.css

```
085 .footer-left {
086   float: left;    ← 左に配置
087 }
088 .footer-right {
089   float: right;   ← 右に配置
090 }
```

あとは最後に、全体の余白を調整しましょう。

CSS　marine_coffee　index.css

```
080 .footer {
      ～略～
084   padding-top: 20px;    ← 余白の調整
085 }
086 .footer-left {
087   float: left;
088 }
089 .footer-right {
090   float: right;
091   padding-top: 50px;    ← 余白の調整
092 }
093 .footer-left p {
094   margin-bottom: 8px;   ← 余白の調整
095 }
```

前ページではレイアウトを整えるために、margin（外側の余白）やpadding（内側の余白）を調整しました。それでは「index.html」をブラウザで表示して、下画像のように表示されているか確認しましょう。

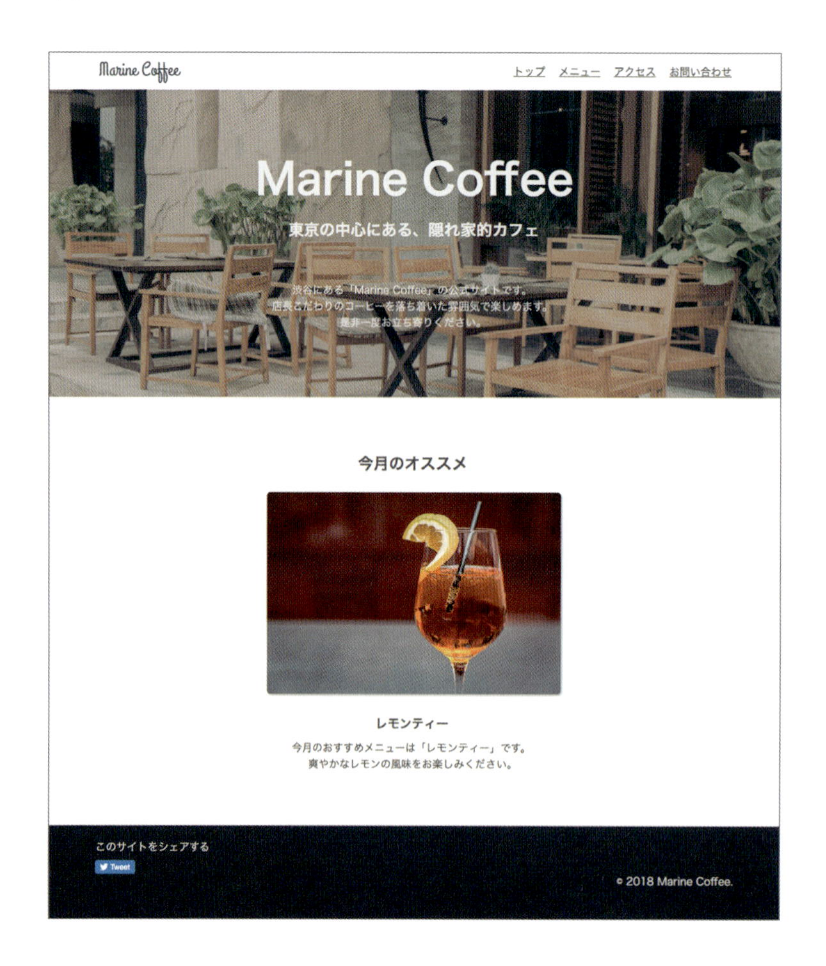

これでトップページは全て完成です！　サクサク進められた人も、そうでない人もいるかと思います。ここまで登場した知識はよく使うものばかりなので、もし不安な箇所があれば、読み直して復習してみましょう。

次ページからは、2つ目以降のWebページの作成方法について学習していきます。

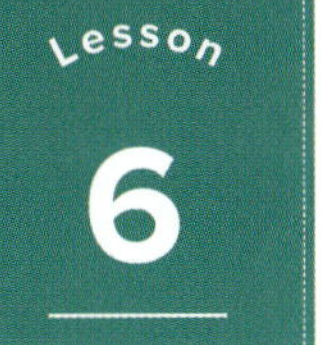

2ページ目以降の作成

2ページ目以降の作成のコツ

ここからはWebサイト「Marine Coffee」のトップページ以外のページを作成していきましょう。ですが、**いきなり次のページを作成するのではなく、効率的な作成方法をお教えします。**

2つ目以降のページを作成していく場合は、何も書かれていない真っ白な状態から作るのではなく、1つ目のページで書いたHTMLやCSSを再利用することで、効率よく進められます。

これまで、「index.html」では「index.css」という1つのCSSファイルのみを読み込んで利用していました。ですが、**1つのHTMLファイルで複数のCSSファイルを読み込むことも可能です。**

これから、他のページでも使いたい部分のCSSを1つのファイルにまとめることで、以下の図のように共有できるようにしてみましょう。

図 共通のスタイルが指定されたCSSファイルの共有イメージ

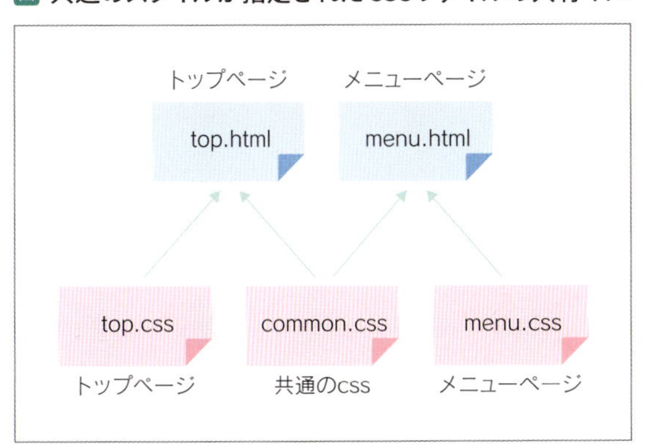

共通スタイルをまとめる

まずは、**共通のスタイルをまとめるためのCSSファイル「common.css」**を用意しましょう。これまでと同じように、Bracketsの左メニュー上で右クリックをし、「新しいファイル」から作成してください。

そして、他のファイルでも共通して使用したいスタイルを「index.css」から「common.css」に切り取りしてペーストで移していきましょう。まずはデフォルトの余白の設定と、何度も共通して使用してきた「container」クラスのコードを移動させます。ただし、文字コード指定は必ず残しておきましょう。

CSS　　marine_coffee　common.css

```
001 @charset "utf-8";
002 * {
003   margin: 0;
004   padding: 0;
005 }
006 .container {
007   max-width: 980px;
008   padding: 0 30px;
009   margin-left: auto;
010   margin-right: auto;
011 }
```


次に、ヘッダーも全ページ共通で使いたいので、ヘッダーのCSSコードを全て移しましょう。コード量が多くて一見大変そうですが、**「index.css」の内容を切り取りしてペーストしているだけなので非常に簡単な作業です。**

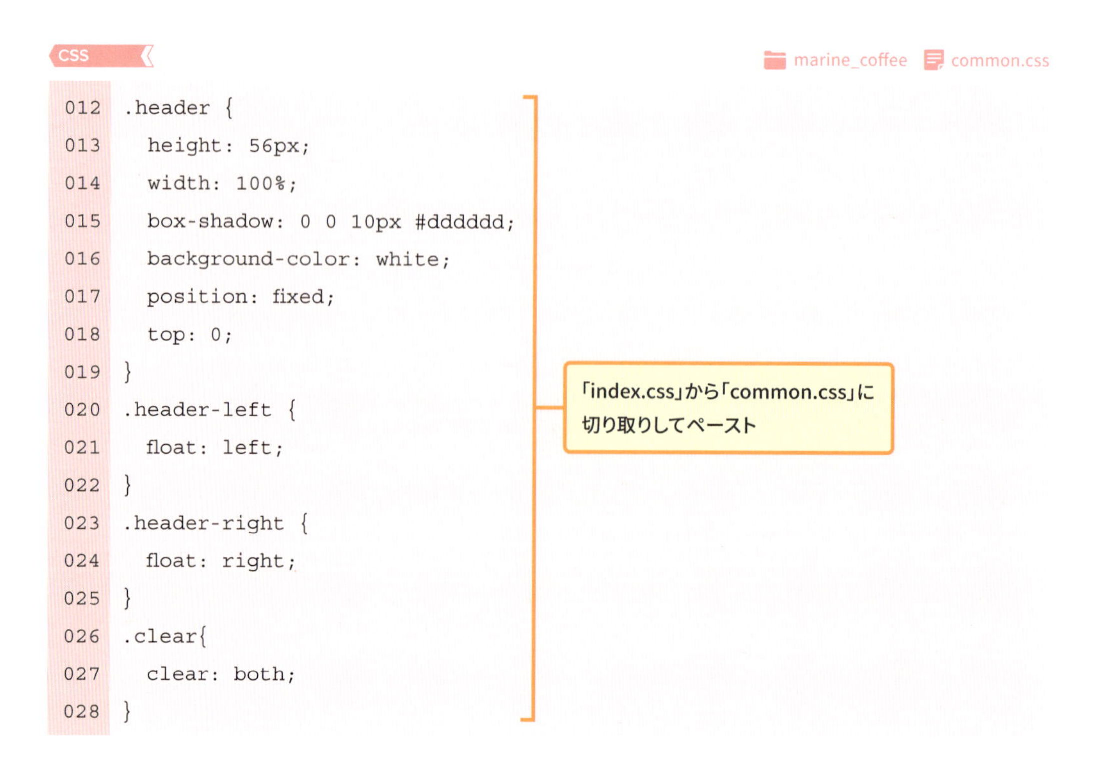

CSS　　marine_coffee　common.css

```
012 .header {
013   height: 56px;
014   width: 100%;
015   box-shadow: 0 0 10px #dddddd;
016   background-color: white;
017   position: fixed;
018   top: 0;
019 }
020 .header-left {
021   float: left;
022 }
023 .header-right {
024   float: right;
025 }
026 .clear{
027   clear: both;
028 }
```

```
029 .header-logo {
030   height: 40px;
031   margin-top: 8px;
032 }
033 .header-right a {
034   line-height: 56px;
035   color: #5a5c5f;
036   margin-left: 5px;
037   font-size: 16px;
038   padding: 16px 5px;
039 }
040 .header-right a:hover{
041   background-color: #e2f1ff;
042   transition: background-color 0.5s;
043 }
```

「index.css」から「common.css」に切り取りしてペースト

最後に、フッターも共通で使用したいので、下記コードを移動しましょう。こちらも切り取りしてペーストで簡単に移動してしまいましょう。

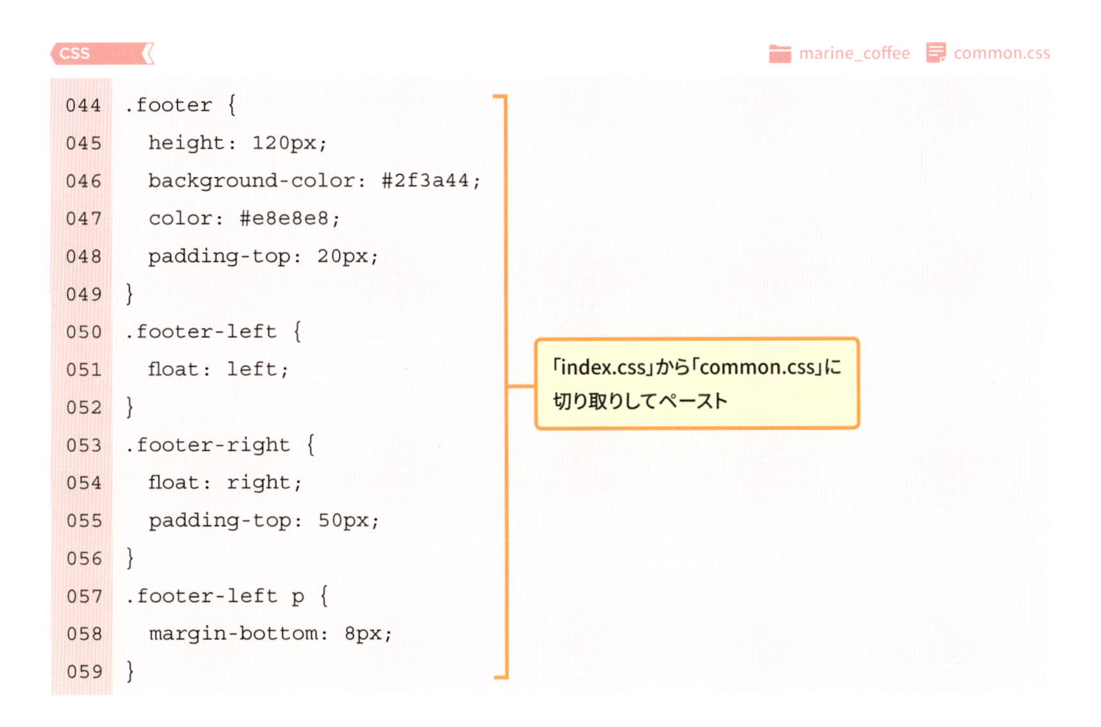

CSS　marine_coffee　common.css

```
044 .footer {
045   height: 120px;
046   background-color: #2f3a44;
047   color: #e8e8e8;
048   padding-top: 20px;
049 }
050 .footer-left {
051   float: left;
052 }
053 .footer-right {
054   float: right;
055   padding-top: 50px;
056 }
057 .footer-left p {
058   margin-bottom: 8px;
059 }
```

これで他のページでも使用したい共通のCSSファイルを作成できました。

最後に、この「common.css」を「index.html」で使用できるように<head>タグ内で読み込みましょう。

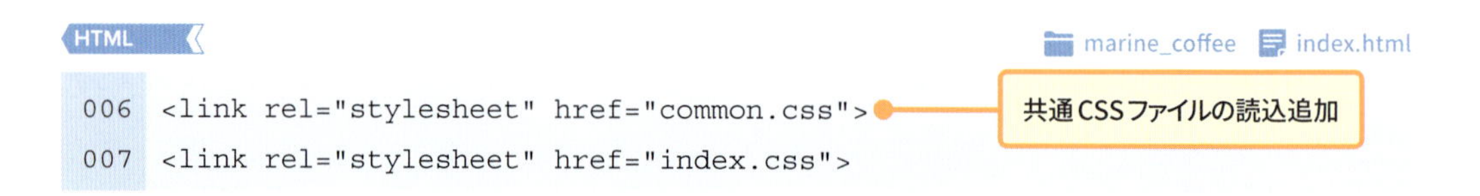


```
006 <link rel="stylesheet" href="common.css">
007 <link rel="stylesheet" href="index.css">
```

これで、「index.html」で「common.css」に記載されているCSSを使えるようになりました。

CSSは上から順番に読み込まれるため、**共通のCSSファイルは必ず先頭に書くようにしましょう。**

これは、共通のCSSファイルで指定されたスタイルとは別のスタイルを指定したい時、共通のCSSファイルを後ろに記述してしまうと、別のスタイルの指定が上書きされてしまうからです。

図 共通CSSを先に読み込みしなければならない理由

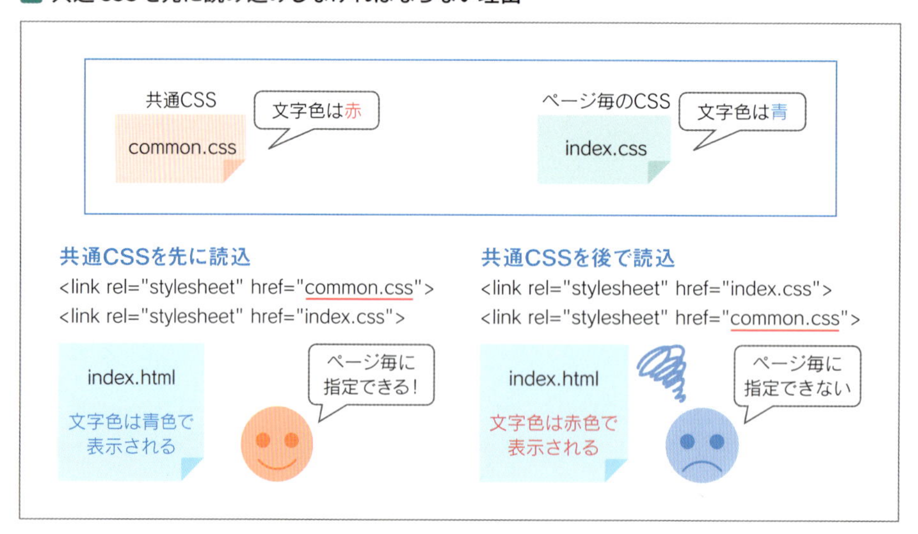

ここで一度、ブラウザで「index.html」の表示結果を確認してみましょう。これまでと同じような見た目で表示されていれば問題ありません。

もし、表示が先ほどまでとは異なったり、レイアウトの崩れが発生している、といった場合は「common.css」が正しい内容ではない、またはファイル自体が読み込まれていない可能性があります。このLessonをもう一度読み返して、記載されている通りに記述してください。

Lesson 7 メニューページの作成

HTMLの作成

それでは、前のページで準備した内容を生かして、2つ目のページ「メニューページ」を作成していきましょう。まずはメニューページ用のHTMLファイルとCSSファイルを作成しましょう。Bracketsで「新規ファイル」から、それぞれ**「menu.html」と「menu.css」を作成**してください。

そしてページの大枠をHTMLで作成します。**下記はどのページでも必要なもの**なので、一番最初に作成しましょう。

- **文字コードの指定**
- **DOCTYPE宣言**
- **<html>タグ**
- **<head>タグ、<body>タグ**

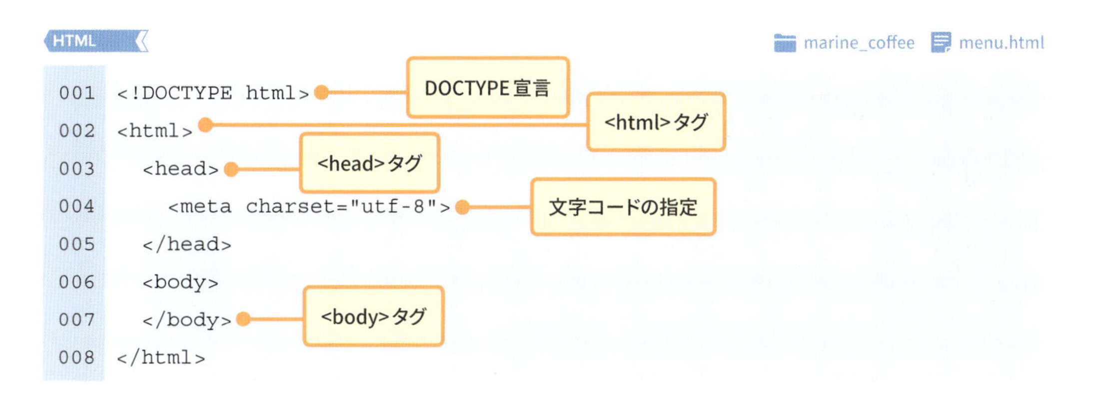


```
001 <!DOCTYPE html>
002 <html>
003   <head>
004     <meta charset="utf-8">
005   </head>
006   <body>
007   </body>
008 </html>
```

次は<head>タグの中身ですが、**「index.html」とほぼ同じ内容なのでコピーすれば大丈夫です。**ただしCSSの読込については「index.css」ではなく**「menu.css」を読み込むよう変更**しましょう。

```
003 <head>
004   <meta charset="utf-8">
```

```
005    <title>Marine Coffee</title>
006    <link rel="stylesheet" href="common.css">
007    <link rel="stylesheet" href="menu.css">
008  </head>
```

CSSのパスだけ変更

次は実際に表示される<body>タグの中を作成していきます。メニューページは以下の図のように**「ヘッダー」「メニュー一覧」「フッター」**の3つにわかれています。

図 メニューページの構成

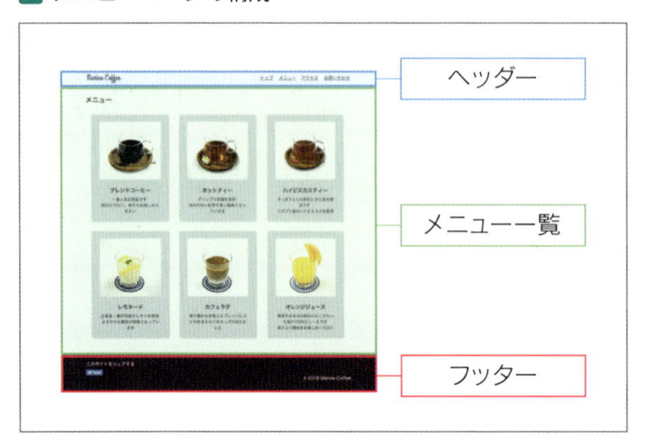

このうち、「ヘッダー」と「フッター」に関してはすでにトップページで作成しているので、「index.html」から「menu.html」へコピーペーストすればOKです。

メニュー一覧部分は「menu」というクラス名を付けた<div>で囲みましょう。

HTML　marine_coffee　menu.html

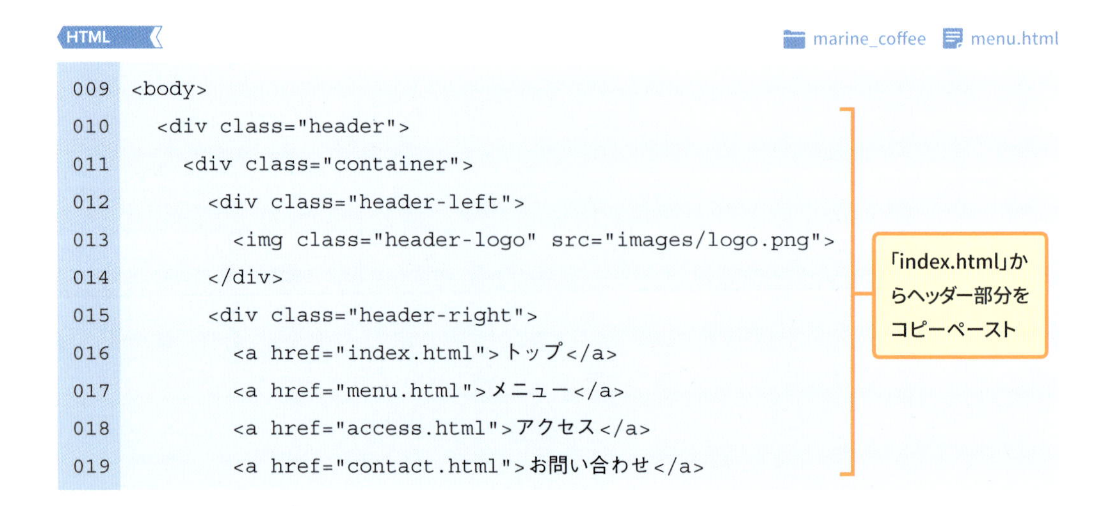

```
009  <body>
010    <div class="header">
011      <div class="container">
012        <div class="header-left">
013          <img class="header-logo" src="images/logo.png">
014        </div>
015        <div class="header-right">
016          <a href="index.html">トップ</a>
017          <a href="menu.html">メニュー</a>
018          <a href="access.html">アクセス</a>
019          <a href="contact.html">お問い合わせ</a>
```

「index.html」からヘッダー部分をコピーペースト

```
020         </div>
021         <div class="clear"></div>
022       </div>
023     </div>
024     <div class="menu">
025     </div>
026     <div class="footer">
027       <div class="container">
028         <div class="footer-left">
029           <p>このサイトをシェアする</p>
030              <a href="https://twitter.com/share?ref_src=twsrc%5Etfw"
    class="twitter-share-button" data-text="入力したWebサイトの名前" data-url="
    入力したWebサイトのURL" data-show-count="false">Tweet</a><script async src=
    "https://platform.twitter.com/widgets.js" charset="utf-8"></script>
031         </div>
032         <div class="footer-right">
033           &copy; 2018 Marine Coffee.
034         </div>
035        <div class="clear"></div>
036       </div>
037     </div>
038   </body>
```

「index.html」からヘッダー部分をコピーペースト

今回作成するメニューページ用のクラス名「menu」のdiv要素

「index.html」からフッター部分をコピーペースト

このように**共通して使える箇所はコピーして再利用することで、効率良く作業が進められるだけでなく、サイト全体の構成を統一できる**メリットもあります。

では、メニュー一覧部分を作っていきましょう。まずはこれまでも使用してきたクラス名「container」のdiv要素で全体を囲み、その中にページタイトルとなる見出しを追加します。

HTML　marine_coffee　menu.html

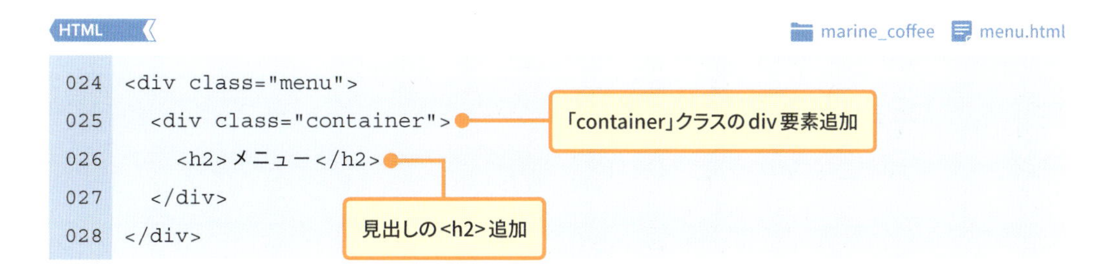

```
024 <div class="menu">
025   <div class="container">
026     <h2>メニュー</h2>
027   </div>
028 </div>
```

次に1つずつのメニューを表示する、下の画像のグレーの枠を用意していきましょう。このグレーの枠を今後はわかりやすいように**「カード」**と表記していきます。

まずはじめに、どのようなHTMLの構造にしていくか確認しましょう。

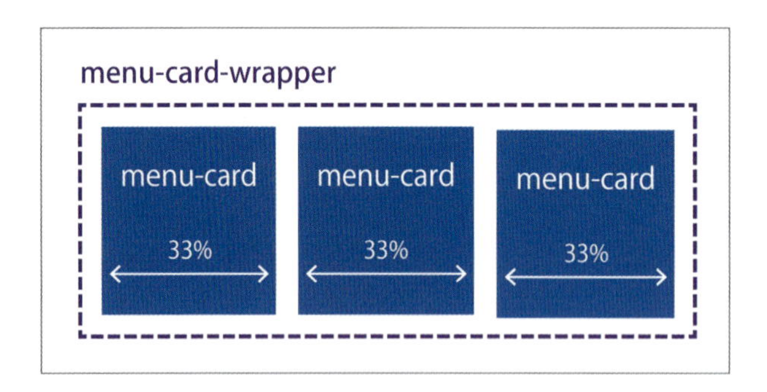

上の図のように、まずは全体を「menu-card-wrapper」というクラス名を持つ要素で囲み、その中にそれぞれ横幅が「33%」の「menu-card」というクラス名を持つ要素を用意します。

このようにすることで、各要素を横に並べた際に全体の幅が99%（ほぼ100%）になるので、きれいに3列で配置できます。

では、ここまでで説明した部分のHTMLを追加してみましょう。

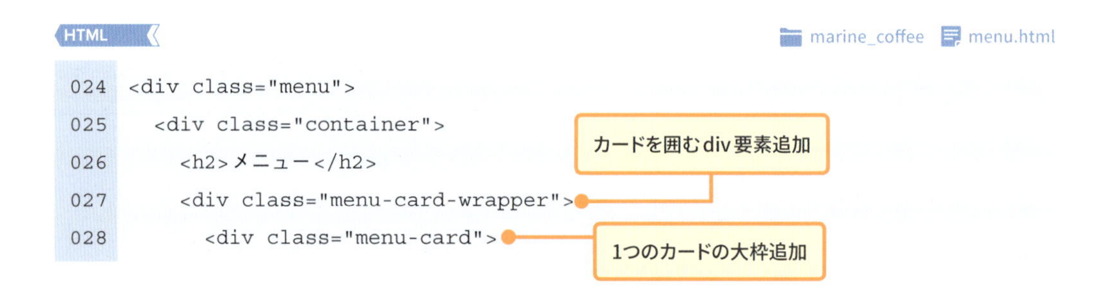


```
024 <div class="menu">
025   <div class="container">
026     <h2>メニュー</h2>
027     <div class="menu-card-wrapper">
028       <div class="menu-card">
```

```
029       </div>
030     </div>
031   </div>
032 </div>
```

カードの大枠はまずは1つだけ追加しておきます。

これで各要素を縦3列に表示する準備はできたので、**カードの中身**を作成していきましょう。まずは「menu-card」の中に「menu-card-inner」というクラス名の要素を用意します。

さらにその中に、実際に表示する内容として、上から順に**「画像（img）」「小見出し（h3）」「文章（p）」**を追加していきます。

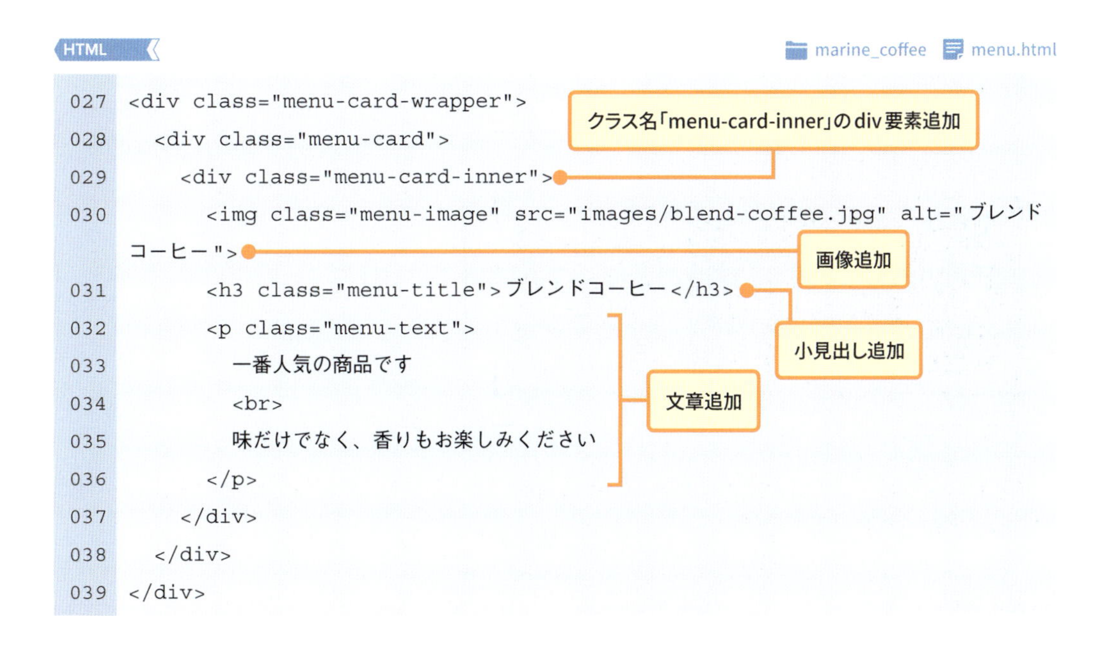

ここでは「画像」「見出し」「文章」のそれぞれに、「menu-image」「menu-title」「menu-text」というクラス名を指定しています。これは後でCSSを適用する際に使用します。

これで1つのカードのHTMLができあがりました。今回は6つのメニューを表示するので、残り5つのメニューのHTMLも作成しましょう。HTMLの構造は各メニューで同じなので、今回作成したクラス名「menu-card」のdiv要素とその中身をまるごとコピーペーストしてしまいましょう。ただし、**画像のファイルパスと見出し、文章の内容についてはそれぞれ変更しましょう。**

まずは1つメニューを追加してみます。次ページのコードを参照して追加してください。

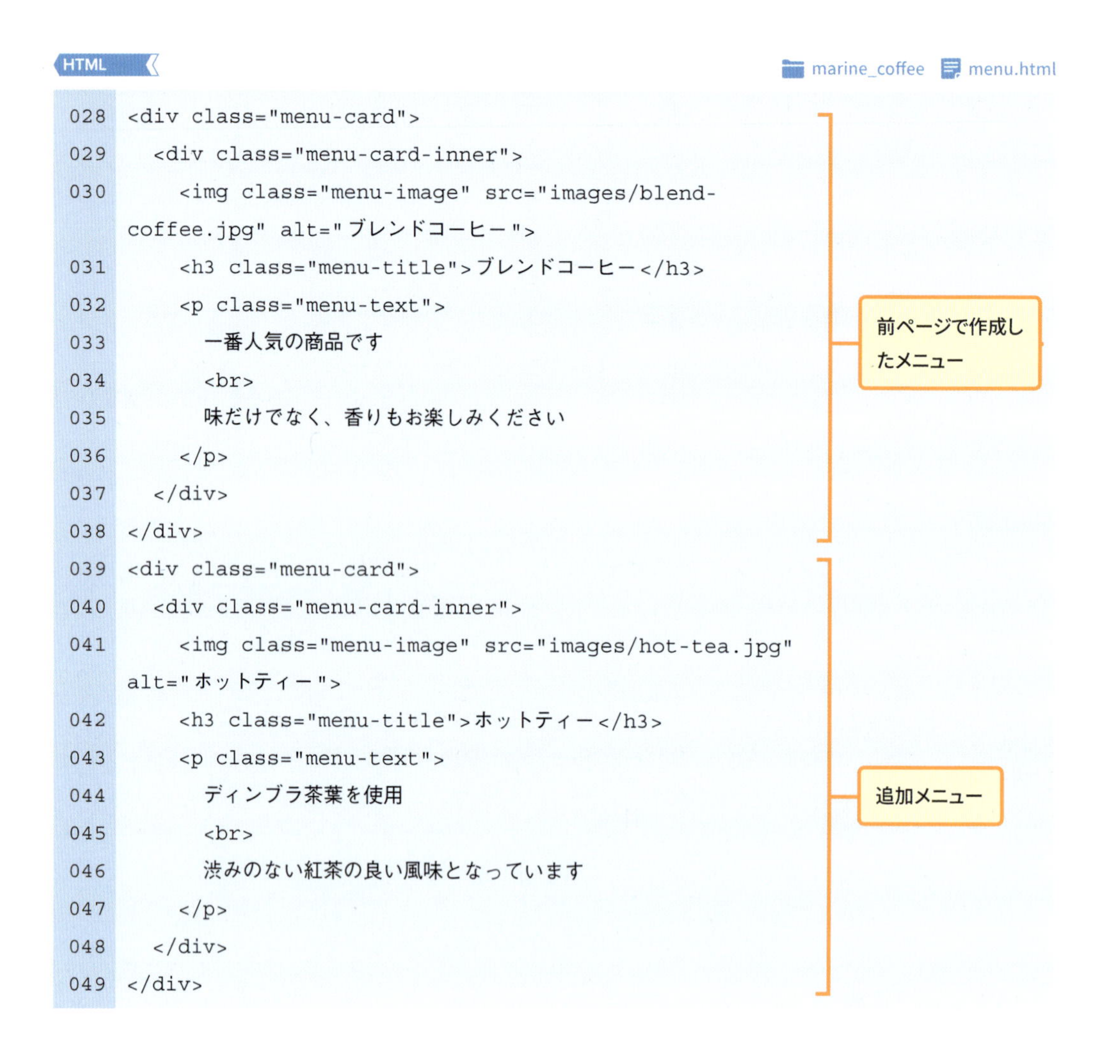
HTML　marine_coffee　menu.html

```
028 <div class="menu-card">
029   <div class="menu-card-inner">
030     <img class="menu-image" src="images/blend-
coffee.jpg" alt="ブレンドコーヒー">
031     <h3 class="menu-title">ブレンドコーヒー</h3>
032     <p class="menu-text">
033       一番人気の商品です
034       <br>
035       味だけでなく、香りもお楽しみください
036     </p>
037   </div>
038 </div>
039 <div class="menu-card">
040   <div class="menu-card-inner">
041     <img class="menu-image" src="images/hot-tea.jpg"
alt="ホットティー">
042     <h3 class="menu-title">ホットティー</h3>
043     <p class="menu-text">
044       ディンブラ茶葉を使用
045       <br>
046       渋みのない紅茶の良い風味となっています
047     </p>
048   </div>
049 </div>
```


それでは、残り4つのメニューも同じように追加してください。画像と文章は以下に記載してある内容を参考に記述していきましょう。

・3つ目のメニュー

画像ファイルパス：images/hibiscus-tea.jpg

見出し：ハイビスカスティー

説明文章：

すっきりとした味わいが人気の商品です

エジプト産のハイビスカスを使用

・4つ目のメニュー

画像ファイルパス：images/lemonade.jpg

見出し：レモネード

説明文章：

広島県・瀬戸田産のレモンを使用

まろやかな酸味が特徴となっています

・5つ目のメニュー

画像ファイルパス：images/caffelatte.jpg

見出し：カフェラテ

説明文章：

香り豊かな本格エスプレッソにコクのあるミルクをたっぷり加えました

・6つ目のメニュー

画像ファイルパス：images/orange-juice.jpg

見出し：オレンジジュース

説明文章：

果実そのままの味わいにこだわった果汁100%ジュースです

ほどよい酸味をお楽しみください

CSSの作成

HTMLを作成したので、次はCSSで装飾していきましょう。「menu.css」を編集していきます。

まずはどんなCSSファイルにも必ず書かなければならない文字コードの指定をしましょう。

そして、メニュー一覧全体を囲んでいるクラス名「menu」のdiv要素に対して、上下の内側の余白と全体の文字の色を指定してください。

CSS　marine_coffee　menu.css

```
001 @charset "utf-8";
002 .menu {
003   padding: 90px 0 60px;
004   color: #5a5c5f;
005 }
```

文字コードの指定（001）
余白追加（003）
文字色指定（004）

では、メニューカードのスタイルを作成していきましょう。はじめに説明した通り、「menu-card」クラスの横幅を「33%」にします。加えて見栄えを整えるために、各カードの上に余白も追加しましょう。

CSS　marine_coffee　menu.css

```
006 .menu-card {
007   width: 33%;
008   margin-top: 35px;
009 }
```

3列表示になるよう横幅指定

余白追加

次に、カードの内側のスタイルを追加していきます。カードの内側は「menu-card-inner」というクラス名のdiv要素で囲んでいるので、その要素に対して、内側に余白を追加し、背景色は青みのかかったグレーに指定します。

CSS　marine_coffee　menu.css

```
010 .menu-card-inner {
011   padding: 25px 30px;
012   background-color: #dbe0e4;
013 }
```

余白追加

背景色指定

これだけでも十分ですが、さらに見栄えをよくしてみましょう。カードの角を丸め(border-radius)、影を付け(box-shadow)、文字を中央揃え(text-align)にします。

CSS　marine_coffee　menu.css

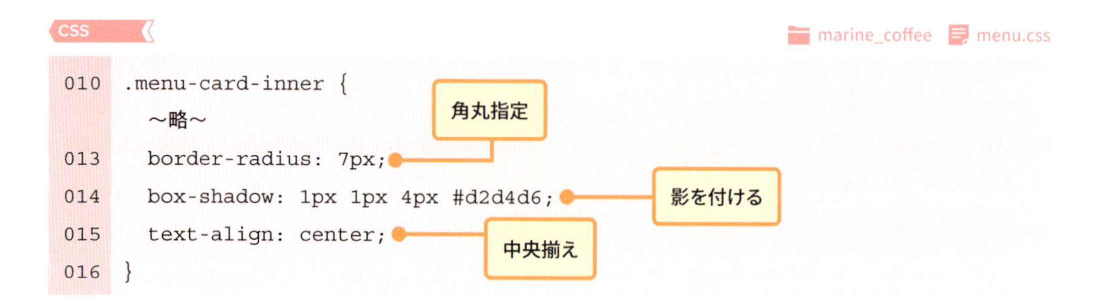

```
010 .menu-card-inner {
      ～略～
013   border-radius: 7px;
014   box-shadow: 1px 1px 4px #d2d4d6;
015   text-align: center;
016 }
```


では、ここまで作成してきたCSSスタイルを反映させた「menu.html」をブラウザで表示してみましょう。以下のように表示されているでしょうか。

画像が原寸サイズのまま大きく表示されてしまっているので、レイアウトが崩れていますね。

それでは画像のサイズを適切に調整し、加えて文章のレイアウトも調整していきましょう。

画像サイズですが、カード内に収まっていないので横幅を調整します。以下のように<img>タグのクラス名「menu-image」に「100%」と指定することで、カード内に丁度良いサイズで収められます。

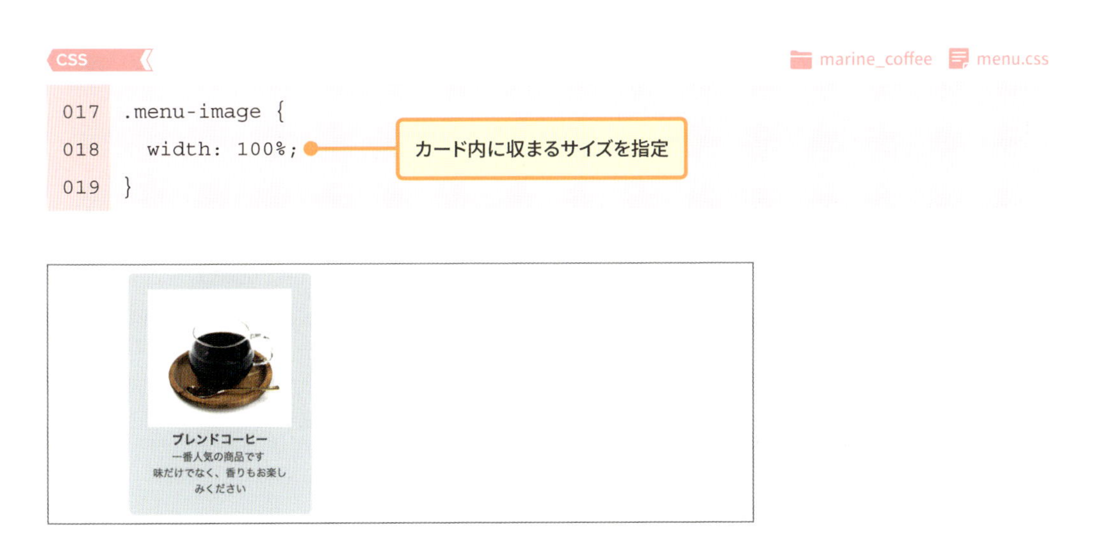

CSS　marine_coffee　menu.css

```
017 .menu-image {
018   width: 100%;
019 }
```


そして、画像の角を少し丸くして、さらに余白の調整を行います。

次ページにコードが記載されているので確認しながら追加しましょう。

CSS　marine_coffee　menu.css

```
017 .menu-image {
018   width: 100%;
019   margin-bottom: 20px;
020   border-radius: 5px;
021 }
```

余白追加
角丸指定

ブラウザで「menu.html」を表示して確認してみてください。少しわかりづらいですが、以下のように画像が角丸になり、見出しとの余白ができているでしょうか。

最後に見出しと説明文章にもCSSを追加しましょう。見出しは余白の調整を、説明文章は文字サイズの調整を追加します。

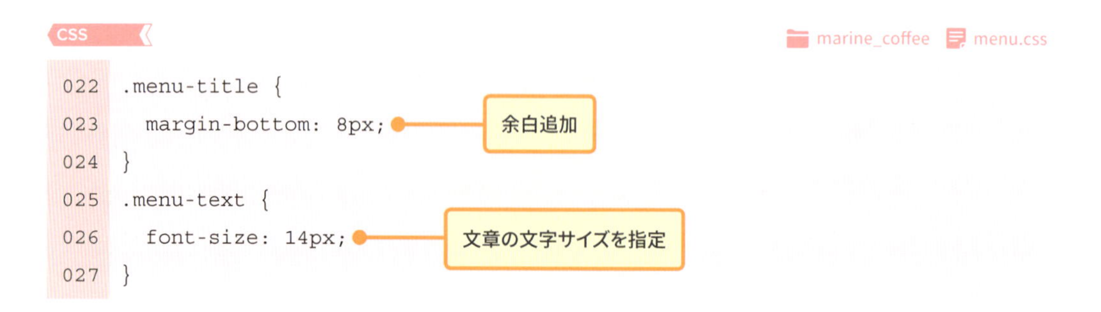


```
022 .menu-title {
023   margin-bottom: 8px;
024 }
025 .menu-text {
026   font-size: 14px;
027 }
```

それではブラウザで再度「menu.html」を表示しましょう。次ページのように表示されているでしょうか。

これでカードの内容のスタイル調整は完了しました。

しかし、ブラウザでメニューページを確認していてすでに気付いている人もいるかと思いますが、カードの横幅を「33%」にして3列で表示されるように設定したはずなのに、下図のように縦1列に表示されてしまっていますね。次からは各カードを3列に並べて表示する方法を学習していきましょう。

これまで要素を横並びにするには「float」というプロパティを用いてきました。 ヘッダーやフッターで使用したのを覚えていますか？

今回は新しい知識として**「Flexbox（フレックスボックス）」**と呼ばれるもので簡単に横並びをさせてみましょう。

「Flexbox」は比較的新しい技術で、2017年ごろから徐々に主流となってきました。「float」を用いて横並びにするよりもシンプルに指定でき、特に要素を均等に横並びさせる際に用いられます。

まずシンプルな例で「Flexbox」の基礎を学習してみましょう。「wrapper」というクラスを持つ<div>タグがあり、その中に「card」というクラスをもつ<div>タグが3つあるとします。

HTML

```
<div class="wrapper">
  <div class="card">1</div>
  <div class="card">2</div>
  <div class="card">3</div>
</div>
```

通常では「card」というクラスを持った3つの要素は縦1列に表示されてしまいます。ですが、全体を囲む「wrapper」に対して以下のCSSを指定することで、各要素を横並びに表示することができます。

CSS

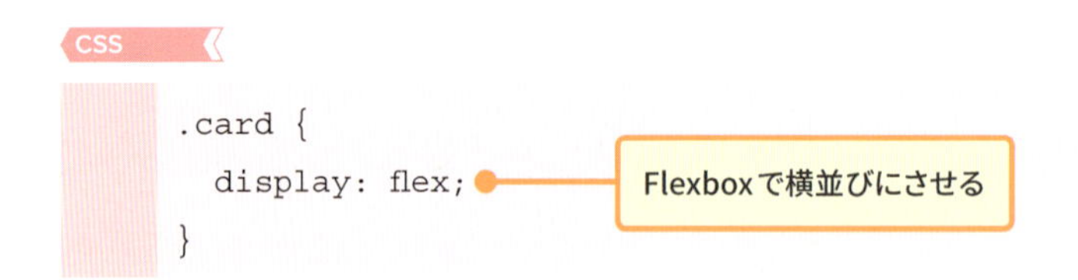

```
.card {
  display: flex;
}
```


図 Flexbox適用前と適用後のイメージ

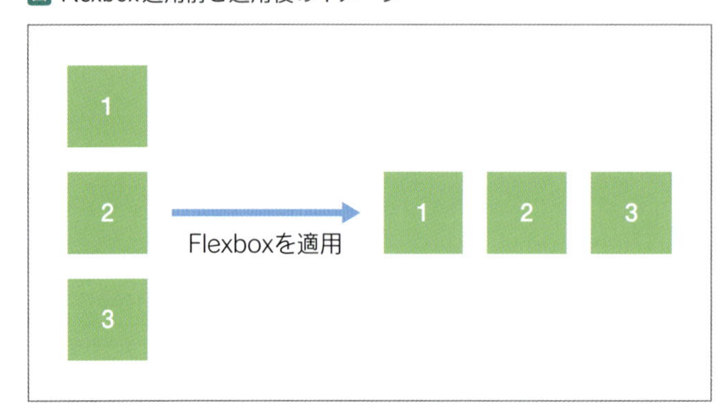

この方法のことを一般的に「Flexbox」と呼びます。

それではこの方法を、メニューページにも使用しましょう。以下のコードを「menu.css」に追加してください。

CSS　marine_coffee　menu.css

```
028 .menu-card-wrapper {
029   display: flex;
030 }
```

Flexboxで横並びにさせる

それでは「menu.html」をブラウザで表示してみてください。以下のように、このコードを追加したことで、全てのカードが横並びで表示されたかと思います。

しかし本来の目的は3列ごとの表示でしたね。

これは「Flexbox」の特徴で、各要素の横幅にかかわらず無理やり横一列に並べてしまうのが原因です。これを回避するために以下のコードを追加してください。

CSS　marine_coffee　menu.css

```
028 .menu-card-wrapper {
029   display: flex;
030   flex-wrap: wrap;
031 }
```

追加

「Flexbox」を使用している際、**「flex-wrap」プロパティに対して「wrap」と指定**することで、**各要素の横幅に合わせて適宜折り返して表示**するようになります。

それではブラウザで「menu.html」を表示してみましょう。

上記のようにカードが3列で表示されているでしょうか？

最後にカードとカードの間に余白を追加して、メニューページの制作を完了させましょう。「menu-card-inner」クラスに以下コードのスタイルを追加してください。

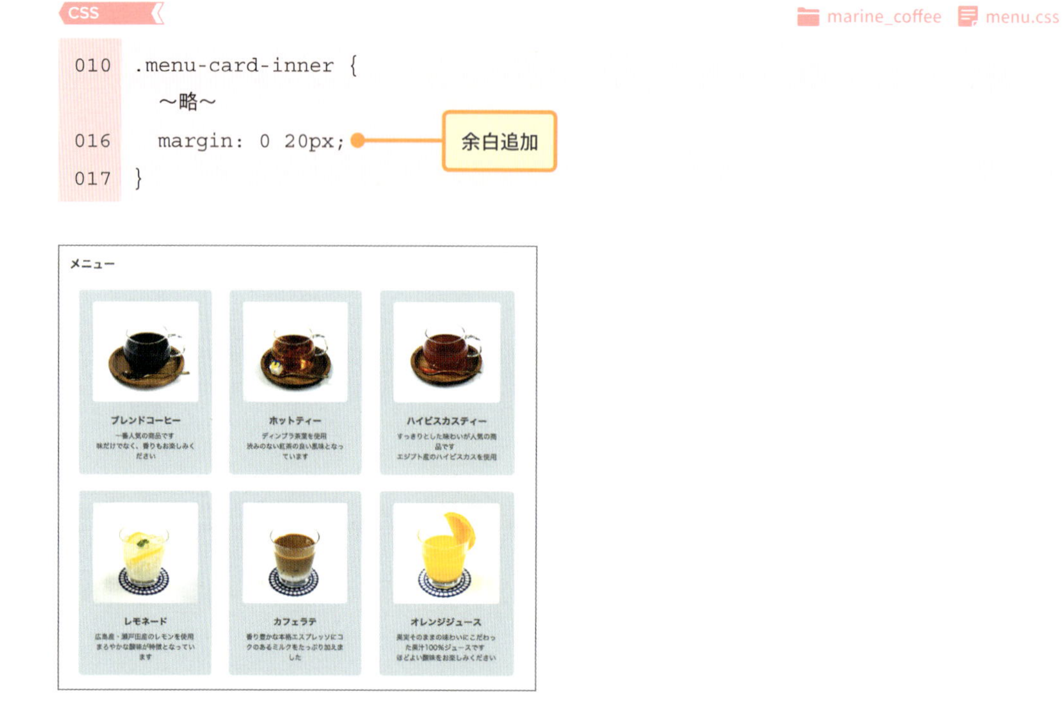


```
010 .menu-card-inner {
      ～略～
016   margin: 0 20px;
017 }
```

これでメニューページの作成は完了です。内容がぐっと増えてWebサイトが充実してきました！

CSS	display
説明	要素の性質を変更する。
値	flex、inline、block、none、inline-blockなど
使い方	`display: flex;` 要素を横一列に表示 `display: inline;` 要素をインライン要素にする `display: block;` 要素をブロック要素にする `display: none;` 要素を非表示にする

CSS	flex-wrap
説明	フレックスボックスに指定した要素の折り返しの指定。
値	wrap、nowrap、wrap-reverse
使い方	`flex-wrap: wrap;` フレックスボックスに指定した要素の折り返しを許可する `flex-wrap: nowrap;` フレックスボックスに指定した要素の折り返しを許可しない

Lesson 8

アクセスページの作成

アクセスページの作成について

次は、アクセスページを作成しましょう。アクセスページにはお店の住所と地図を表示します。

地図は、多くのWebサイトで使用されている「Google Maps」を利用します。「Google Maps」を利用するとなると、難しいコードを書く必要があるのでは？　と不安に思う人もいるかもしれませんが大丈夫です。**とても簡単に作成する方法**があるので、落ち着いてゆっくりと見ていきましょう。

図 アクセスページの完成形

これまで作成してきたWebページと同様に、まずは新しくHTMLとCSSのファイルを用意しましょう。Bracketsの左メニュー上で右クリックをし、「新しいファイル」を選択して「access.html」と「access.css」を追加します。

HTMLの作成

今回もHTMLファイルから編集していきましょう。まずはページ全体の大枠を用意します。メニューページで作成した時と同じように記述していきましょう（p.131）。

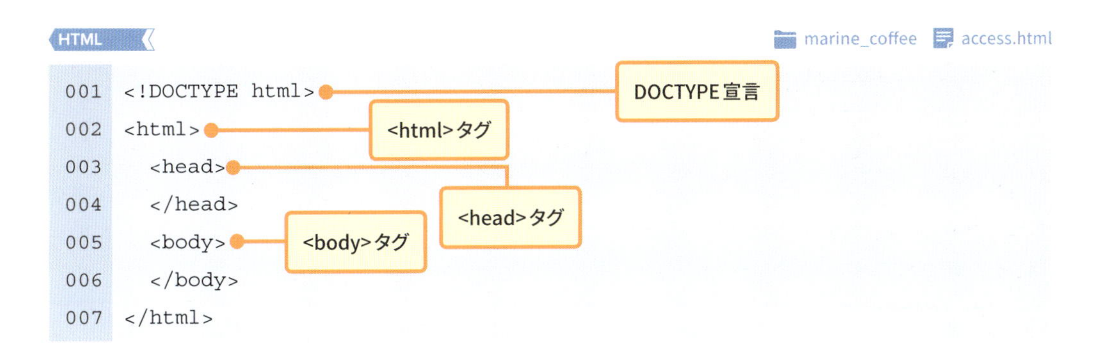


```
001 <!DOCTYPE html>
002 <html>
003   <head>
004   </head>
005   <body>
006   </body>
007 </html>
```

<head>タグも他ページとほぼ同じ内容なのでコピーしてしまいましょう。ただし繰り返しになりますが、ページ毎で参照するCSSファイルだけは異なるので気を付けましょう。「common.css」と「access.css」の2ファイルを読み込みます。

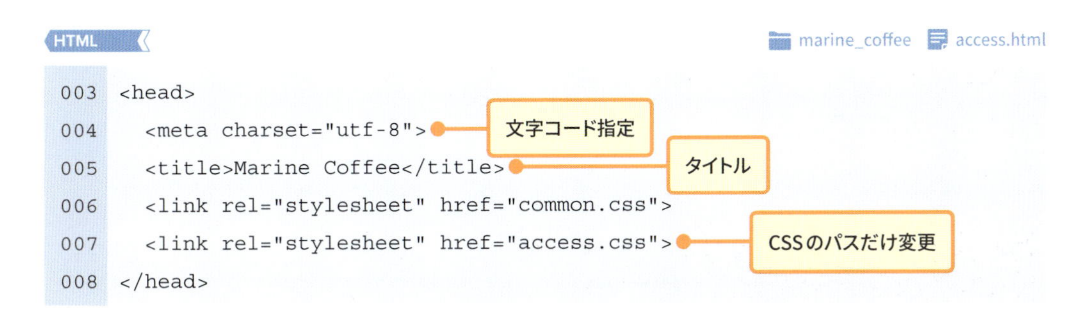


```
003 <head>
004   <meta charset="utf-8">
005   <title>Marine Coffee</title>
006   <link rel="stylesheet" href="common.css">
007   <link rel="stylesheet" href="access.css">
008 </head>
```

では実際の見た目となる<body>タグの中を追加していきましょう。今回もまずはヘッダー部分とフッター部分はそのままコピーペーストしてしまいましょう。

コピーペーストする内容はメニューページの場合と全く同じなので、p.132～133を参照してください。

次に、ヘッダーとフッターの間にアクセスページの内容の大枠であるdiv要素を追加し、今回は「access」というクラス名を指定しましょう。また、その子要素として全体の幅を調整するための「container」クラスを持つdiv要素を追加します。

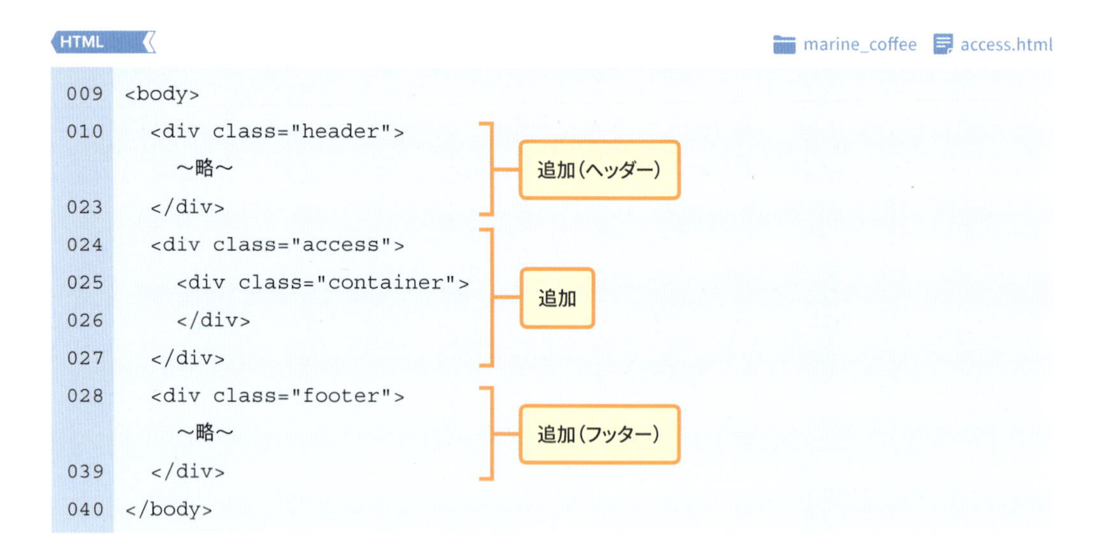


```
009 <body>
010   <div class="header">
        ～略～
023   </div>
024   <div class="access">
025     <div class="container">
026     </div>
027   </div>
028   <div class="footer">
        ～略～
039   </div>
040 </body>
```

それではページの中身を書いていきましょう。

まずは見出し(h2)と文章(p)を追加します。後でスタイルを指定できるよう、それぞれに「access-title」「access-text」というクラス名を指定しています。

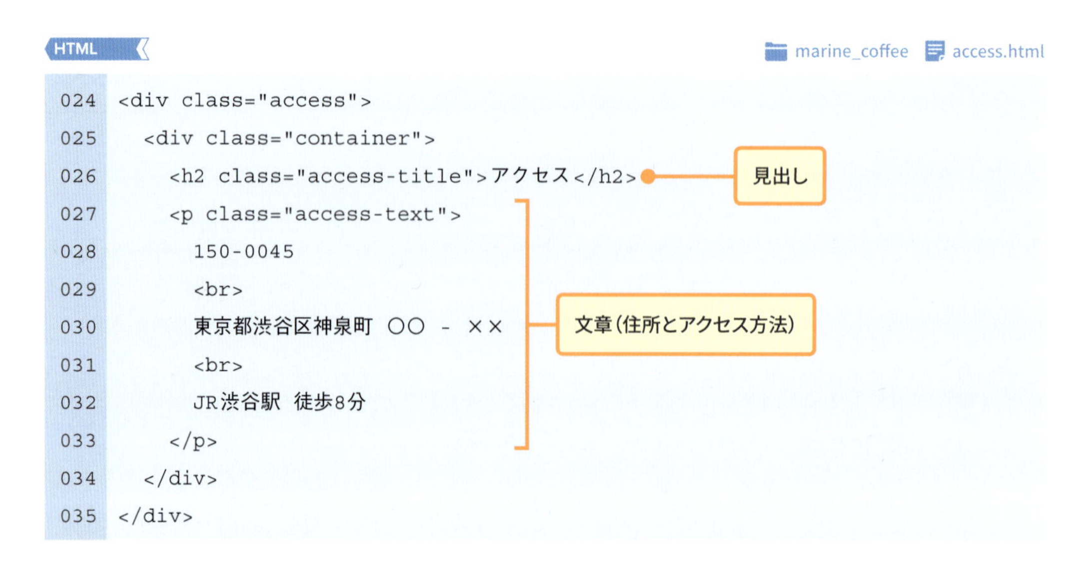


```
024 <div class="access">
025   <div class="container">
026     <h2 class="access-title">アクセス</h2>
027     <p class="access-text">
028       150-0045
029       <br>
030       東京都渋谷区神泉町 ○○ - ××
031       <br>
032       JR渋谷駅 徒歩8分
033     </p>
034   </div>
035 </div>
```

では、いよいよGoogle Mapsの地図を表示するための作業をおこないましょう。

実は、Google Mapsは指定する住所に応じて、埋め込むべきHTMLコードをすでに用意してくれています。なので、そのHTMLコードを取得して、HTMLファイルに**貼り付けるだけで簡単に地図を表示できます。**

それでは指定した住所の地図を表示する、HTMLコードを取得する手順を見ていきましょう。

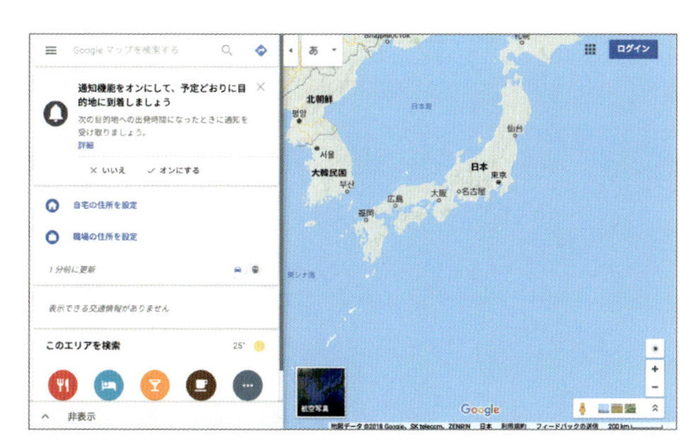

URL https://www.google.co.jp/maps

1 Google Mapsをブラウザで表示

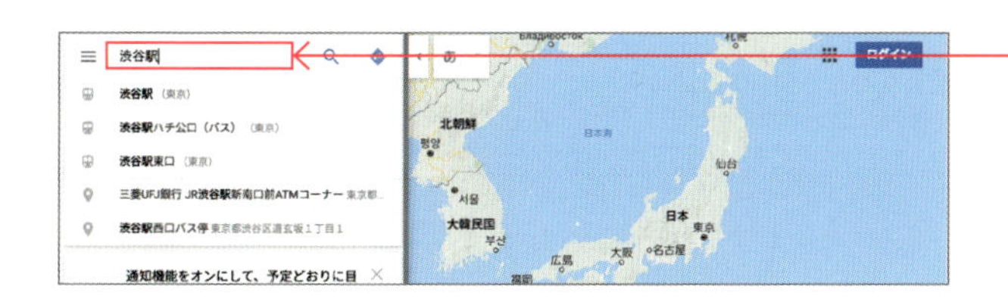

2 左上の検索バーに住所または施設名などを入力

3 三本線のアイコンをクリック

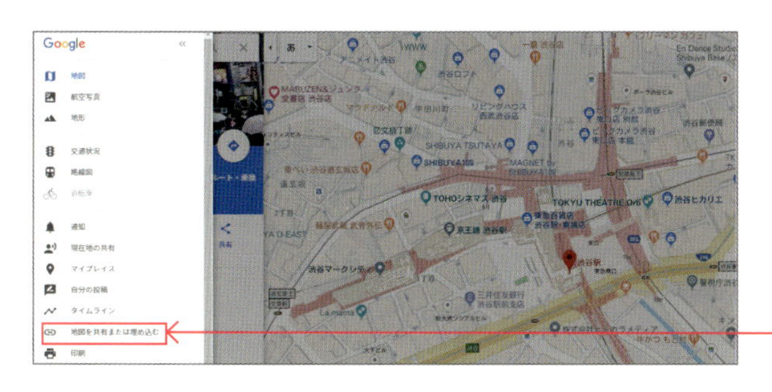

4 表示されたメニューの「地図を共有または埋め込む」をクリック

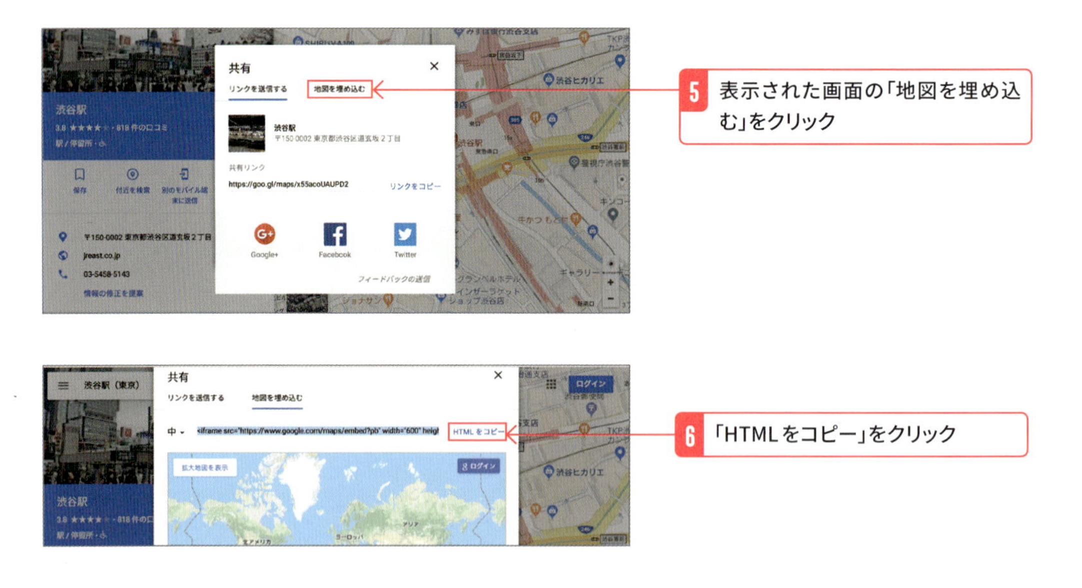

これで地図を表示するためのHTMLコードをコピーできました。あとはコピーした内容を「access.html」に貼り付けるだけです。なお、今回は取得した地図の内容をクラス名「google-map」のdiv要素で囲んでいます。このように要素の外側にdiv要素を加えておくと、のちのちスタイルの指定が楽になります。

```
026 <h2 class="access-title">アクセス</h2>
027 <p class="access-text">
028   150-0045
029   <br>
030   東京都渋谷区神泉町 〇〇 - ××
031   <br>
032   JR渋谷駅 徒歩8分
033 </p>
034 <div class="google-map">
035   <iframe src="https://www.google.com/maps/embed?…></iframe>
036 </div>
```

ブラウザで「access.html」を表示してください。次ページの画像のように、地図を表示することができたでしょうか？　本書では「渋谷駅」が表示されるように設定しているので、もし他の場所を指定した場合は、指定した場所が表示されているか確認しましょう。

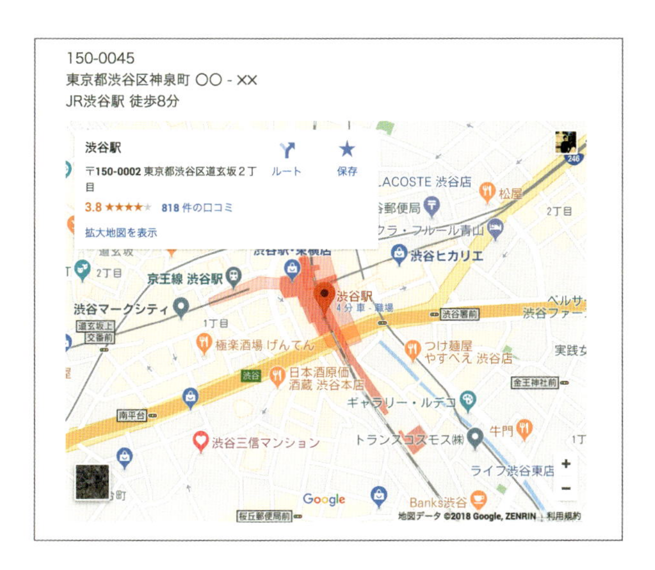

これでHTML部分の作成は完成です。最後にCSSでデザインを整えましょう。

CSS の作成

今回作成するアクセスページはシンプルなレイアウトなので指定するCSSスタイルはあまり多くありません。では、「access.css」をテキストエディタで開いてください。

まずはファイル全てに記述しなければならない文字コード指定を書いてください。それから、全体を囲んでいる「access」クラスに、上部の余白と文字の色を指定します。

CSS　marine_coffee　access.css

```
001 @charset "utf-8";
002 .access {
003   padding: 90px 0 60px;
004   color: #5a5c5f;
005 }
```

文字コード指定
余白追加
文字色指定

次に、見出しと文章、文章と地図、それぞれの間の余白を追加しましょう。

CSS　marine_coffee　access.css

```
006 .access-title {
007   margin-bottom: 15px;
008 }
009 .access-text {
010   margin-bottom: 10px;
011 }
```

余白追加（007行目）
余白追加（010行目）

以上でCSSファイルでの作業も終わりです。それでは最後に「access.html」をブラウザで表示し、以下のように作成されているか確認してください。

これでアクセスページは完成です！　おつかれさまでした。

次ページからは最後のWebページである、お問い合わせページを作成しましょう。

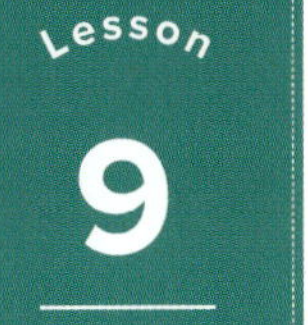

お問い合わせページの作成

お問い合わせページの作成について

それではWebサイト「Marine Coffee」作成の最後に、お問い合わせページを作成しましょう。お問い合わせページには、以下の画像のような**お問い合わせ用のフォーム**を表示します。

ショッピングサイトや企業の公式サイトで一度は見たことがあるかと思いますが、ユーザーからのメッセージを受け取るページです。

図 お問い合わせページの完成形

ただし今回は実際にメッセージを送信するところまでは作成せず、見た目だけを作成します。

ユーザーに入力してもらった内容を送信するには、「PHP」や「JavaScript」などのいわゆるプログラミング言語を用いる必要があるためです。

ですが、このフォームを作成するだけでも十分にHTMLへの知識が深まるので作成しておきましょう。

それではまず、これまでと同様に新しくHTMLとCSSのファイルを用意しましょう。今回はそれぞれ、「contact.html」と「contact.css」という名前で作成してください。

POINT

フォームとは、ユーザーがWebサイトを利用する際にユーザーから情報を送信してもらうための部品です。入力欄やボタンなどが該当します。

HTMLの作成

まずはページ全体の大枠を用意します。復習として作業していきましょう。

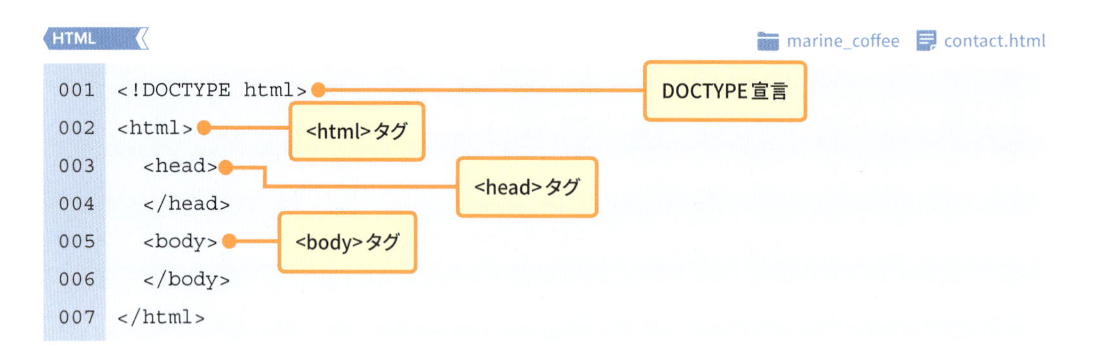


```
001 <!DOCTYPE html>
002 <html>
003   <head>
004   </head>
005   <body>
006   </body>
007 </html>
```

<head>タグ内は以下のように記述しましょう。CSSは「common.css」と「contact.css」の2ファイルを読み込みます。

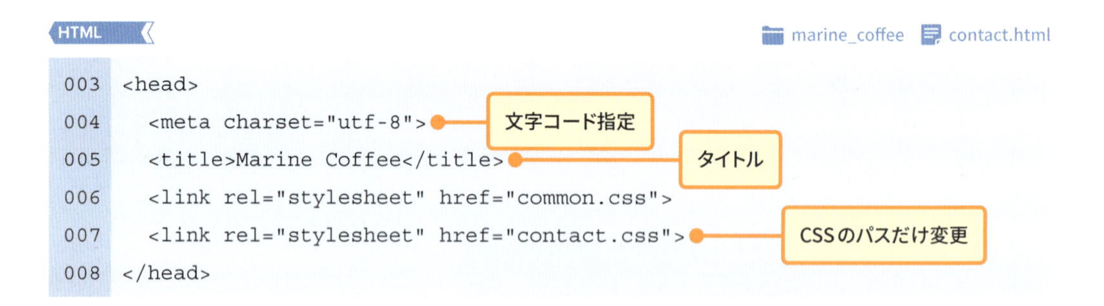


```
003 <head>
004   <meta charset="utf-8">
005   <title>Marine Coffee</title>
006   <link rel="stylesheet" href="common.css">
007   <link rel="stylesheet" href="contact.css">
008 </head>
```

次に<body>タグの中身を追加していきます。今回もまずはヘッダーとフッターをコピーペーストしましょう。

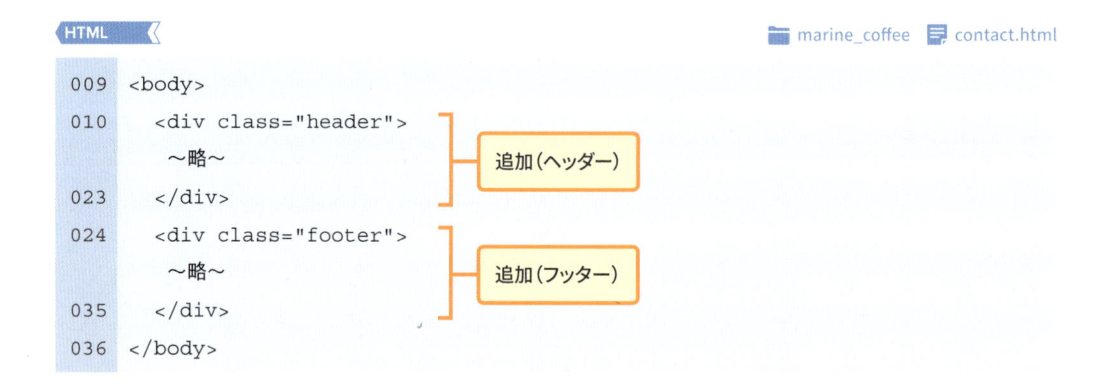


```
009 <body>
010   <div class="header">
        ～略～
023   </div>
024   <div class="footer">
        ～略～
035   </div>
036 </body>
```

それでは、追加したヘッダーとフッターの間に<div>タグを追加し、今回はクラス名「contact」を付けましょう。また、その子要素として全体の幅を調整するための「container」クラスを持つ<div>タグを追加します。

さらに、<h2>タグを用いてページの見出しも追加しましょう。見出しには「contact-title」というクラス名を指定してください。

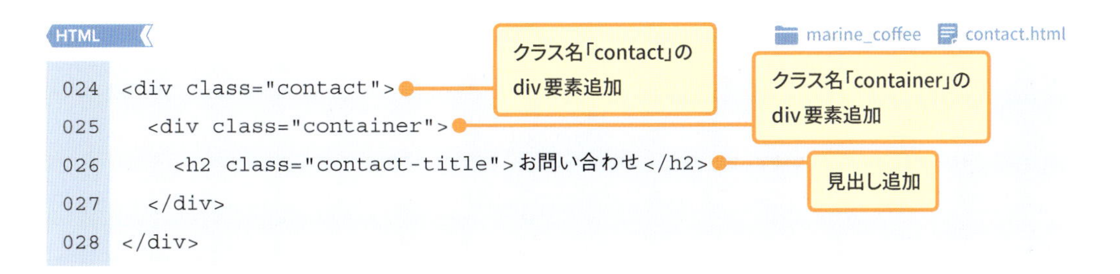

それでは、お問い合わせフォームを作成していきましょう。

まず、フォームを作成するには**<form>**タグを使用します。

<form>タグだけを追加してもブラウザ上では見た目に変化はありませんが、まずは見出し（h2）の下に<form>タグを書きましょう。また、CSSスタイルを指定するために「contact-form」というクラス名も付けておいてください。

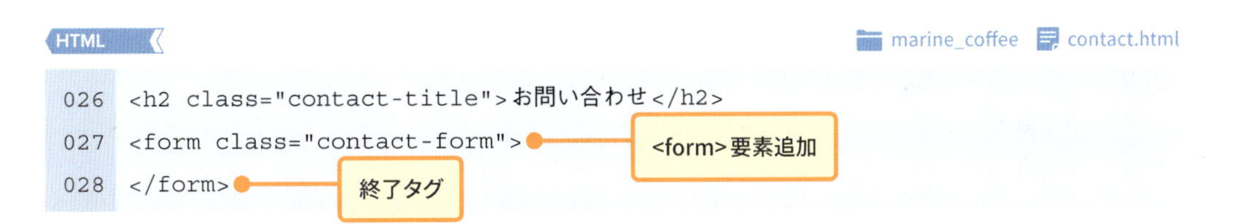

終了タグ（</form>）も追加する必要があるので、忘れないよう記述しておいてください。

次に、ユーザーが入力するための入力欄を作成しましょう。入力欄には**<input>**タグを用います。<input>タグは終了タグを書く必要がありません。

なお、入力欄だけではユーザーが何を入力するのかわからないので、見出し（h3）を追加します。

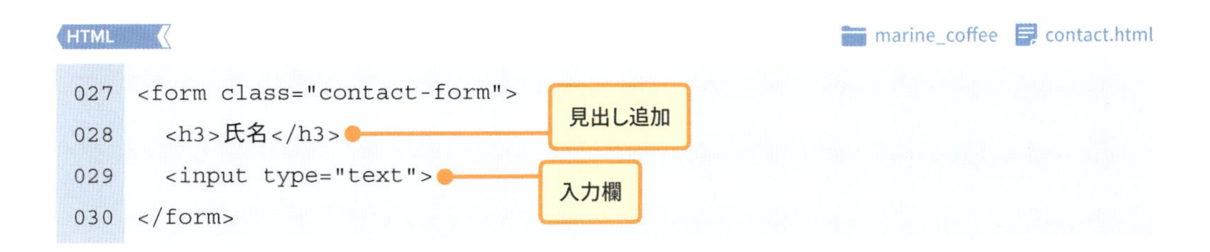

ここまで書けたら「contact.html」をブラウザで表示してください。下記のように表示されているでしょうか。

ヘッダーと重なってしまい少し見えにくいですが、入力欄を表示することができたかと思います。

追加したコードからわかるように、<input>タグでは「type="○○"」という形で**type**属性を追加する必要があります。type属性にはさまざまな種類があり、今回のように**氏名などの文字を入力するには「text」を指定**します。他の種類については後ほど学習しましょう。

では同じように、メールアドレスの入力欄を作成してみましょう。メールアドレスの入力欄を作成するのにも<input>タグを使います。type属性は「text」でも問題ないのですが、**メールアドレス**の場合は特別に**「email」**というtype属性が用意されているので、そちらを使用しましょう。

type属性に「email」を指定することで、入力欄を選択すると自動的にキー入力が半角英数に切り替わります。メールアドレスを入力する際には半角英数しか基本的に使用しないので、ユーザーにとってとても親切な作りになります。

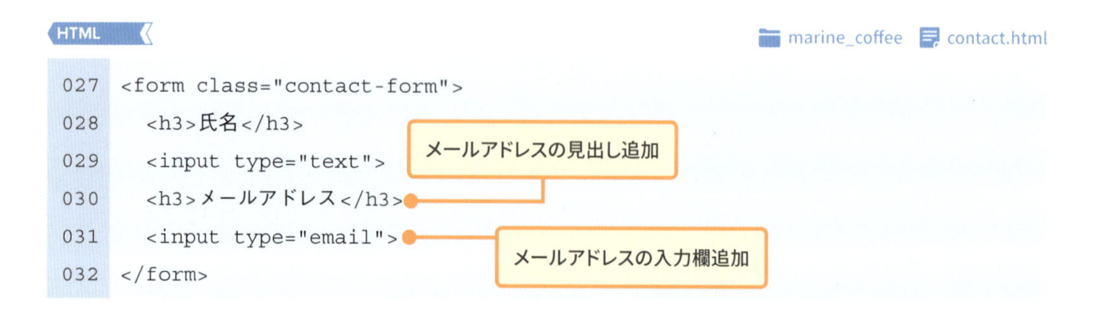


```
027 <form class="contact-form">
028   <h3>氏名</h3>
029   <input type="text">
030   <h3>メールアドレス</h3>
031   <input type="email">
032 </form>
```

次は、お問い合わせの種類を入力するための選択形式のメニューを作成しましょう。

選択形式のメニューを作成するには、**<select>**タグと**<option>**タグの2つのタグを使います。具体的に説明すると、<option>タグで選択肢を1つ1つ記述し、その全体を<select>タグで囲みます。それでは実際にコードを書いてみましょう。

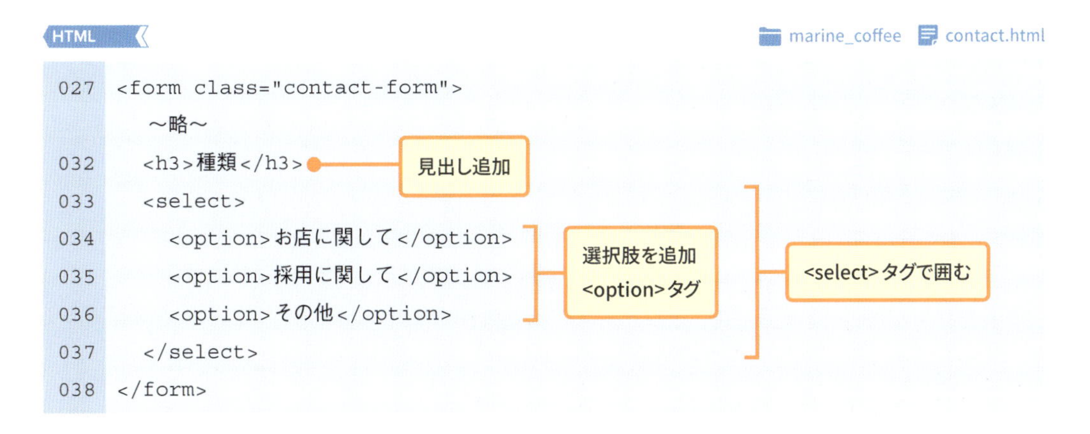

「contact.html」をブラウザで表示し、以下のようにメールアドレスの入力欄と選択形式のメニュー(**プルダウンメニュー**とも言います)が表示されているか確認しましょう。

次は、お問い合わせ内容の入力欄を用意しましょう。

これまで作成してきた氏名やメールアドレスの入力欄には<input>タグを使いましたが、お問い合わせ内容は一行では終わらない内容を入力する可能性が高いです。このように、**長い文章を入力**してもらう場合は**<textarea>**タグを使います。

<textarea>タグの使い方は他のタグとほとんど変わりませんが、<input>タグと異なり終了タグが必要なので注意しましょう。それでは以下のコードを追加してください。

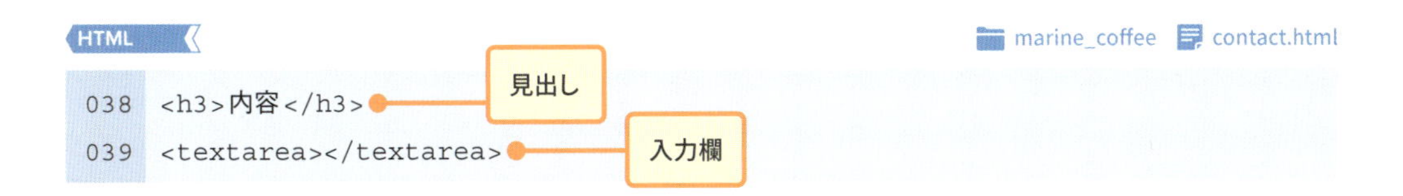

また、<textarea>タグでは「rows」属性を追加することで表示する行数を指定できます。今回は下コードのように4行の高さの入力欄を用意しましょう。

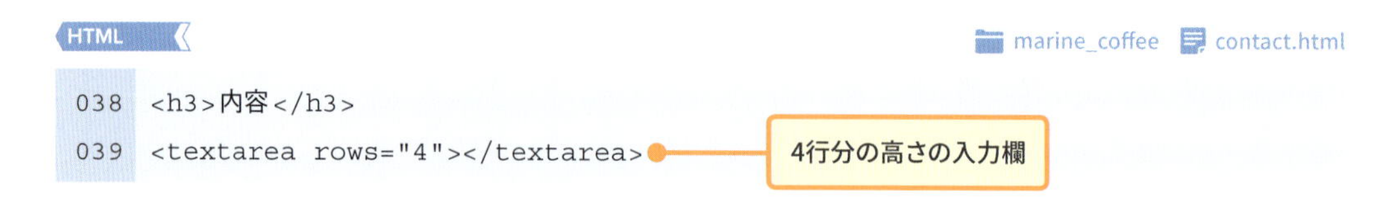

HTML　marine_coffee　contact.html

```
038 <h3>内容</h3>
039 <textarea rows="4"></textarea>
```


入力し終えたらブラウザで「contact.html」を表示して以下のように表示されているか確認しましょう。

フォーム作成の最後に、これまで作成してきた入力欄に入力された内容を送信するフォームの送信ボタンを作りましょう。

送信ボタンを作成するには、入力欄と同じ<input>タグを使います。ただし、**type属性の値を「submit」とすることで文字の入力欄ではなく、送信ボタンとする**ことができます。

同時に「submit-button」というクラス名を付けて追加してください。

また、<input>タグの特性上、そのまま追加すると送信ボタンが<textarea>タグの右に回り込んで表示されてしまうため、<textarea>タグの下に
タグを追加してください。

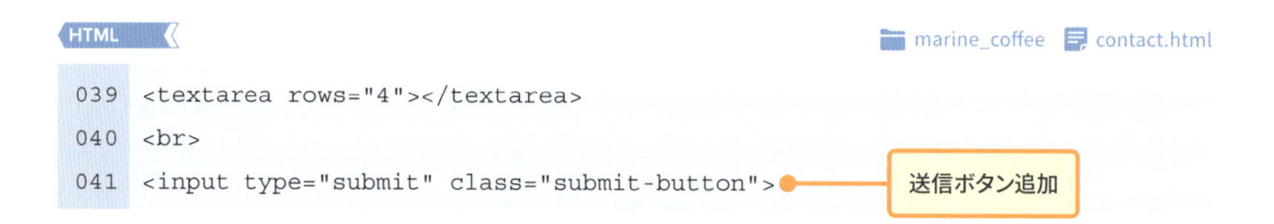

HTML　marine_coffee　contact.html

```
039 <textarea rows="4"></textarea>
040 <br>
041 <input type="submit" class="submit-button">
```

作成するフォームの内容は以上です。ブラウザで表示を確認してください。

これでお問い合わせページに必要なHTMLはそろいました。続いてCSSコードを記述して見た目を整えていきましょう。

CSS の作成

まずはこれまでと同じように、ページ全体の余白と文字の色を指定します。文字コードの指定も忘れないように記述しましょう。

CSS　marine_coffee　contact.css

```
001 @charset "utf-8";        ← 文字コード指定
002 .contact {
003   padding: 90px 0 60px;  ← 余白追加
004   color: #5a5c5f;        ← 文字色指定
005 }
```

見出しのCSSコードも追加しましょう。見やすくするために見出しの下側に余白を追加します。

CSS　marine_coffee　contact.css

```
006 .contact-title {
007   margin-bottom: 15px;   ← 余白追加
008 }
```

次に、クラス名「contact-form」のフォームの中に追加した<h3>タグで作成した各入力欄の見出しのスタイルを指定しましょう。上下に余白を追加し、文字の色も少しだけ暗くします。

CSS　marine_coffee　contact.css

```
009 .contact-form h3 {
010   margin-top: 20px;
011   margin-bottom: 5px;
012   color: #4c4e52;
013 }
```

余白追加（010〜011）
文字色指定（012）

次に、入力欄のスタイルを調整しましょう。

まずは入力欄に入力した時の文字の大きさと、入力欄の横幅を調整します。セレクタをカンマで区切ることで、<input>タグと<textarea>の両方に同じスタイルを適用します。

CSS　marine_coffee　contact.css

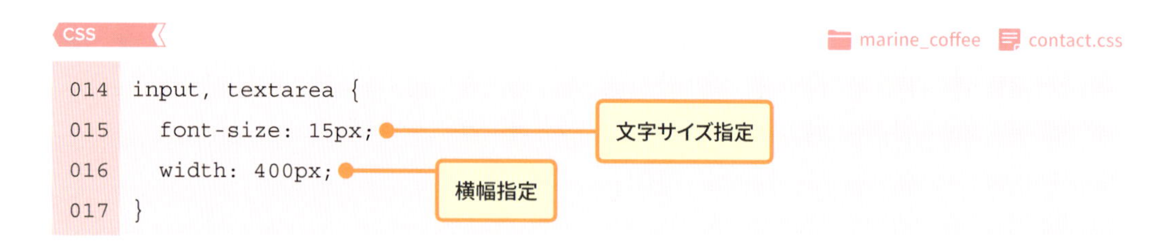

```
014 input, textarea {
015   font-size: 15px;
016   width: 400px;
017 }
```


また、<input>タグや<textarea>タグで作成した入力欄は、内側の余白「padding」を指定することで入力した文字と枠線との間の隙間を調整できます。先ほど書いたコードに以下の1行を追加してみましょう。

CSS　marine_coffee　contact.css

```
014 input, textarea {
      ～略～
017   padding: 2px 4px;
018 }
```


図 入力欄に隙間を入れると見やすくなる

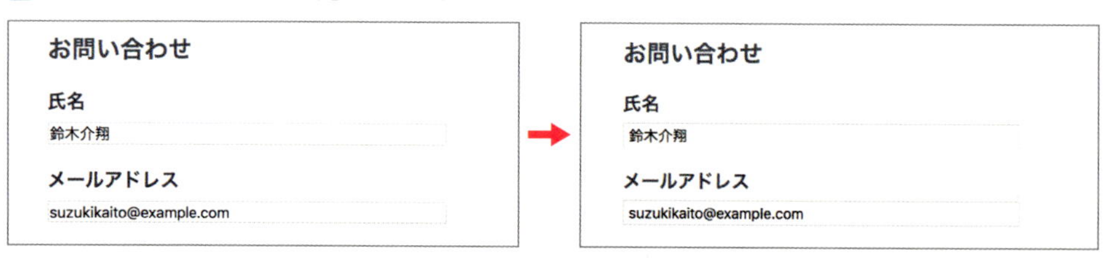

余白を追加したことで、前ページのように入力した文字が少し見やすくなったかと思います。

とても小さな違いですが、ユーザーが見やすくスタイルを調整することはとても重要なことです。こういった小さな気配りも、ユーザーがWebサイトに無意識に感じる操作性の良さなので気を遣うよう心掛けましょう。

最後に、送信ボタンのスタイルを調整しましょう。「submit-button」というクラス名を付けているので、そのクラス名に対してスタイルを指定します。以下コードの通り指定してください。

余白の追加と、文字サイズの変更、それから横幅の調整をおこなっています。

CSS　marine_coffee　contact.css

```
019 .submit-button {
020   margin-top: 20px;
021   font-size: 18px;
022   width: 80px;
023 }
```

それでは最後に「contact.html」をブラウザで表示しましょう。以下のようにお問い合わせ内容が表示されていますか？

これでお問い合わせページが完成し、いったん「Marine Coffee」のWebサイトが一通り完成しました。大変おつかれさまでした！　ここまでとても長かったと思います。

ただ、このWebサイトはパソコンで閲覧するには問題ないですが、スマートフォンやタブレットなどからアクセスするとレイアウトが適切に表示されていない箇所もあります。

次Chapterで、スマートフォンやタブレットでの表示を整える方法を学習していきましょう。

HTML	form	終了タグ：必須
説明	ユーザーが情報を入力、送信するための部品。	

HTML	input	終了タグ：不要
説明	form であつかう入力欄やボタンなどの部品のタグ。	
属性	type など	
属性の使い方	type="text"　1行のテキストボックス（入力欄）を表示 type="email"　メールアドレス入力用の入力欄を表示 type="radio"　ラジオボタン（複数の選択肢から1つしか選択できない）を表示 type="checkbox"　チェックボックス（複数の選択が可能）を表示 type="button"　ボタンを表示	

HTML	select	終了タグ：必須
説明	セレクトボックス（選択式の入力欄）。	

HTML	option	終了タグ：必須
説明	セレクトボックスの内容である選択肢。	

HTML	textarea	終了タグ：必須
説明	複数行のテキストボックス。	

Chapter 5

レスポンシブ対応

Chapter4で作成したWebサイトを
スマートフォンやタブレットでも
快適に見れるように調整しましょう。

Lesson 1

レスポンシブ対応のしくみ

レスポンシブ対応の必要性について

近年のWebページはパソコンだけでなく、スマートフォンやタブレットで閲覧されることが普通になってきました。

そのため、Webページをさまざまな画面サイズの端末で見やすくすることが必須と言えます。

このような**色んな端末の画面サイズに対応させることを**一般的に**「レスポンシブ対応」、そのデザインのことを「レスポンシブデザイン」**と呼びます。

このChapterでは、Webページに対してレスポンシブ対応を行う方法を学びながら、前Chapterで作成した「Marine Coffee」のWebページをスマートフォンやタブレットでも見やすいように変更していきましょう。

今回は「パソコン」「タブレット」「スマートフォン」の3種類に対応できるよう、HTMLとCSSで調整していきます。

実際に作業していく前に覚えておいて欲しいのですが、**レスポンシブ対応する際に最も重要なポイントは、画面の「幅」です。**以下の図のように、「幅が670px以下の時はスマートフォンで閲覧している」「幅が1024以下で670pxより上の時はタブレットで閲覧している」「それより大きい時はパソコンで閲覧している」というように考えて進めていきましょう。

図 レスポンシブ対応のイメージ

Lesson 2 作業前の準備

viewportを設定して余計な標準設定をなくす

レスポンシブデザインを適用する前に、まずは余計なブラウザの標準設定を変更します。**余計な標準設定**とは、簡単に言ってしまえば**「端末の横幅に従ってWebページを勝手に縮小してしまう」**というブラウザの設定です。

以下の図を見てください。このように、パソコンから表示されることを前提としたWebページをスマートフォンなどの小さな端末で閲覧すると、ブラウザが勝手に端末の横幅に従ってWebページの表示を縮小してしまいます。そのため、文字や画像が小さく表示されてしまってとても見づらい画面になってしまいます。

図 端末ごとのブラウザでの表示領域

この標準設定を変更するためには、HTMLの「viewport」を使用しましょう。

では、実際にHTMLファイルに書いてみます。前Chapterで作成したフォルダ「marine_coffee」にある「index.html」をテキストエディタで開き、<head>タグの中に次ページに示している1行を追加してください。

HTML　marine_coffee　index.html

```html
003 <head>
004   <meta charset="utf-8">
005   <title>Marine Coffee</title>
006   <meta name="viewport" content="width=device-width, initial-scale=1">
007   <link rel="stylesheet" href="common.css">
008   <link rel="stylesheet" href="index.css">
009 </head>
```

追加

この1行を追加することで、ざっくりとした説明ですが、ブラウザによるWebページの縮小をさせず、**これから設定していくレスポンシブ対応された画面の表示そのままの内容が反映されるようになります。**

また、viewportの設定はページごとに追加する必要があるので、今回は**他のWebページ「menu.html」「access.html」「contact.html」の3つのHTMLファイルでも同様に上記1行のコードを追加しておいてください。**

端末ごとの表示をパソコンで確認する

最後の準備として、パソコン以外の端末「スマートフォン」「タブレット」でどのように表示されるか確認する方法をお教えします。

レスポンシブ対応を完璧に行ったとしても、実際にどのように表示されるか確認しなければ、実は意図したように表示されていなかった、という可能性もあります。また、**スマートフォンやタブレットを持っていない人もこの方法であればパソコンだけで確認できます。**

それでは、以下の手順に沿って、まずはスマートフォン「iPhone6/7/8」での表示を確認しましょう。

1 前Chapterで作成したWebサイトをGoogle Chromeで開く

2 画面内を右クリックし、メニュー「検証」をクリック

POINT

「デベロッパーツール」とは、Webページを作成する際に便利なツールが詰まったツールです。Webページを作成していく上でとても便利な機能が多くあるので、興味のある人は検索エンジンでキーワード「デベロッパーツール 使い方」と検索してみましょう。

以上の作業で、表示されているWebページがiPhone6、7、8でどのように表示されるか確認できます。

また、同じ手順でタブレットの表示確認ができます。「iPad」での表示を確認する場合は、先ほどの手順に続いて以下の作業をおこないましょう。

では次ページから、スマートフォンやタブレットで快適に閲覧できるように、レスポンシブ対応をしていきましょう。

Lesson 3

メディアクエリ

メディアクエリとは

これまでに作成してきた「Marine Coffee」のWebページは、パソコン用のレイアウトで作成しています。なのでここからは「スマートフォン用」と「タブレット用」に少しずつカスタマイズしていきます。

画面の幅に応じてCSSを適用する方法として**「メディアクエリ」**というものがあります。まずは以下のCSSのコードを見てください。

CSS

```
001 @media (max-width: 1024px) {
002   /* タブレット用のCSS */
003 }
```

画面の幅が1024px以下の時にのみ適用されるスタイル

これがメディアクエリの書き方です。

1行目「@media (max-width: 1024px) {」から最後の行の「}」までの間に書いたCSSは、**「画面の幅が1024px以下」の時にのみ適用されます。**

この「メディアクエリ」を用いて、各画面サイズによってWebページが見やすくなるようにスタイルを調整していきます。

メディアクエリを適用する

ではメディアクエリを実際に使ってみましょう。今回はレスポンシブデザイン用のCSSとして「responsive.css」という別ファイルを用意して進めます。

これまでに新しくファイルを作成した時と同じように、「responsive.css」というファイルをテキストエディタ「Brackets」で作成してください。ファイルが作成できたら、このCSSファイルを全てのWebページのHTMLファイルから読み込みましょう。次ページのように、<link>タグを<head>タグ内の**一番下の行に追加してください。**

一番下の行に追加しなければならないのは、レスポンシブ対応を考慮していない、これまで作成してきたCSSファイルに上書きされてしまうからです。上書きの仕組みに関して忘れた人はp.130を読み返すといいでしょう。

HTML　marine_coffee　index.html

```
003 <head>
      ～略～
007   <link rel="stylesheet" href="common.css">
008   <link rel="stylesheet" href="index.css">
009   <link rel="stylesheet" href="responsive.css">
010 </head>
```

レスポンシブ対応用のCSSファイル読込追加

先ほど言った通りですが、この「responsive.css」の読み込みは「index.html」だけでなく「menu.html」「access.html」「contact.html」の全HTMLファイルに追加してください。

ヘッダー、フッター、トップページのレスポンシブ対応

それでは、まずはトップページから調整していきましょう。

はじめに**タブレット用**のレイアウトから作成していきます。**「responsive.css」**に以下のメディアクエリを追加してください。

CSS　marine_coffee　responsive.css

```
001 @charset "uft-8";
002 @media (max-width: 1024px) {
003 }
```

メディアクエリ追加（1024px以下）

冒頭の図にもありましたが（p.164）、1024px以下に適用するこのメディアクエリにはタブレット用のスタイルを記述していきます。タブレットはパソコンに比べて画面の横幅がやや狭くなるため、全体的に余白を小さくしたり、文字サイズを小さくした方が見やすくなります。

それでは、まず「トップページ」のメインビジュアル部分の上下の余白を小さく表示してみましょう。以下のCSSのコードをメディアクエリ内に追加してください。

CSS　marine_coffee　responsive.css

```
002 @media (max-width: 1024px) {
003   .main-visual {
004     padding-top: 120px;
005     padding-bottom: 80px;
006   }
007 }
```

メインビジュアル部分の上下余白を小さくする

少し違和感を感じるかもしれませんが、スタイルの書き方は今まで通りで大丈夫です。メディアクエリの中にそのまま追加するイメージで書きましょう。

続いて、「Marine Coffee」という見出しも少し小さめに表示するように調整しましょう。

CSS　marine_coffee　responsive.css

```
002 @media (max-width: 1024px) {
003   .main-visual {
004     padding-top: 120px;
005     padding-bottom: 80px;
006   }
007   .top-title {
008     font-size: 60px;
009   }
010 }
```

スタイル追加

では、「index.html」をブラウザで確認してみましょう。デベロッパーツールが開いたままだと思いますが、確認方法はいつも通りで大丈夫です。ブラウザのメニューから「更新アイコン」をクリックするか、ショートカットキー（Macの場合は command ＋ R キー、Windowsの場合は Ctrl ＋ R キーまたは F5 キー）で更新してください。

以下のように、メインビジュアル部分が少しコンパクトに表示されていることを確認できたでしょうか。

メディアクエリの使い方は理解できたでしょうか？　では、次はスマートフォン用のスタイルを追加していきましょう。まずは「iPhone 6/7/8」で表示した見た目を確認してみましょう。

確認方法はp.167で学んだ通り、デベロッパーツールを開いた状態で画面左側上部の、端末を選択するメニューから「iPhone 6/7/8」をクリックします。

図 スマートフォンで表示を確認するとさまざまなレイアウト崩れが発生

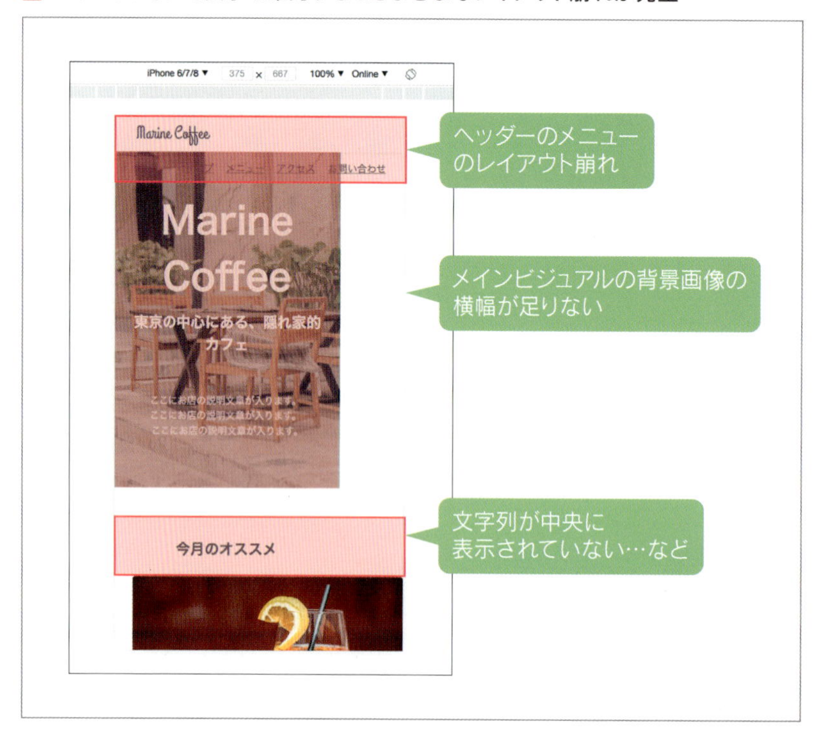

上図のように、さまざまな場所でレイアウトが崩れてしまっているかと思います。これをスマートフォンの表示サイズに最適化していきましょう。

まずは**スマートフォン用のメディアクエリを追加**しましょう。今回は**画面の幅が「670px」以下の時にスマートフォン用のスタイルが適用される**ようにします。

引き続き「responsive.css」に追加していきましょう。

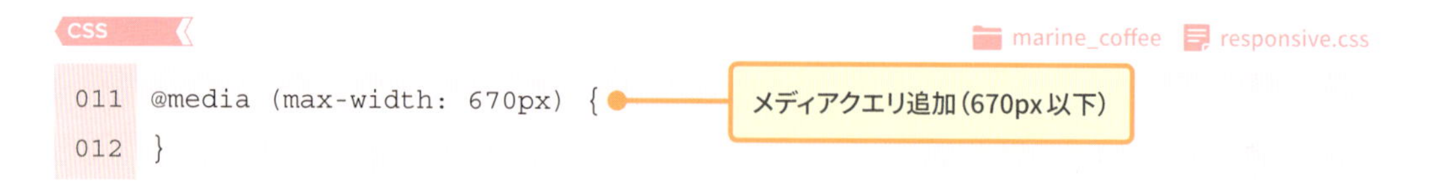


```css
011 @media (max-width: 670px) {
012 }
```

では、ヘッダーから調整していきましょう。まず、ヘッダー左側にあるロゴは、スマートフォンで表示するには大きいので非表示にします。**CSSで「display」プロパティの値を「none」と指定**してください。この指定をすることで、**対象要素がまるで存在しないかのように非表示**にすることができます。

CSS　marine_coffee　responsive.css

```
011 @media (max-width: 670px) {
012   .header-left {
013     display: none;
014   }
015 }
```

ロゴを非表示にする

次はヘッダーの右側に表示されているメニューのレイアウトを調整しましょう。ロゴがないので、4つのリンク文字が中央寄せで表示されるように調整します。

それから、文字サイズもスマートフォンの画面に合わせて少し小さくしましょう。

またここで大切なのが、ヘッダー右側に表示していたロゴをなくしたことでヘッダー左側のメニューに指定していた「float:right」による右側への回り込みが不要になったということです。なので、「float:right」というスタイルを無効化しましょう。floatプロパティに対して「none」を指定してください。

CSS　marine_coffee　responsive.css

```
011 @media (max-width: 670px) {
      ～略～
015   .header-right {
016     float: none;
017     text-align: center;
018   }
019   .header-right a {
020    font-size: 14px;
021   }
022 }
```

floatの効果を無効化

メニューを中央表示

メニューの文字サイズを小さくする

ブラウザを再読込してください。以下のようにヘッダー部分のメニューのレイアウトが整えられているでしょうか。

トップ　メニュー　アクセス　お問い合わせ

次は、トップページで「今月のおすすめ」を表示しているメイン部分を調整してみましょう。まずは全体の余白上下を「60px」に変更して少し小さくしましょう。

また、メイン部分の画像の横幅は「450px」ですが、横幅375pxのiPhone6に対してサイズが大きく、右側がはみ出してしまっています。なので、スマートフォン表示ではこの画像の横幅を「280px」に指定しましょう。

さらに、画像の下の文章の文字の大きさも、可読性を高めるために調整します。

CSS　marine_coffee　responsive.css

```
011 @media (max-width: 670px) {
      ～略～
022   .main {
023     padding: 60px 0;
024   }
025   .main-image {
026     width: 280px;
027   }
028   .main p {
029     font-size: 13px;
030   }
031 }
```

- 023：メイン部分の上下余白を小さくする
- 026：メイン部分の画像の横幅を280pxに指定
- 029：メイン部分の文字サイズを13pxに指定

これで以下のように、画像も文字も見やすく調整できました。

では最後に、フッターのレイアウトを調整して、トップページのスマートフォン対応を完成させましょう。

現在の状態だと上の画像のように、フッター右側の文字が下にずれて読みづらくなっています。「footer-right」クラスの上の余白を小さくすることで対応しましょう。

CSS　marine_coffee　responsive.css

```
011 @media (max-width: 670px) {
      ～略～
031   .footer-right {
032     padding-top: 20px;
033   }
034 }
```

フッター右側の上の余白を小さくする

ブラウザを更新して、フッターの表示を確認してください。以下のように見やすい画面になっているでしょうか？

これでスマートフォンでもきれいにトップページが表示できるようになりました。

メニューページのレスポンシブ対応

次はメニューページをレスポンシブ対応させるために、CSSを追加していきましょう。まずは「menu.html」の<head>タグ内に、viewportの設定と「responsive.css」の読み込みを指定するコードが追加されていることを確認しましょう。

HTML　marine_coffee　menu.html

```
003 <head>
004   <meta charset="utf-8">
005   <title>Marine Coffee</title>
006   <meta name="viewport" content="width=device-width, initial-scale=1">
007   <link rel="stylesheet" href="common.css">
008   <link rel="stylesheet" href="menu.css">
009   <link rel="stylesheet" href="responsive.css">
010 </head>
```

viewportの指定

レスポンシブ対応のCSSファイル読み込み

メニューページでは各メニューを3列表示していましたが、各端末の横幅を考慮し、タブレットの場合は2列、スマートフォンの場合は1列で表示するように変更しましょう。

そのためには、「33%」に指定している「menu-card」クラスの横幅を、タブレットでは「50%」に、スマートフォンでは「100%」に指定してください。

まずはタブレット用のCSSを追加しましょう。以下のコードを追加してください。

CSS　marine_coffee　responsive.css

```
002 @media (max-width: 1024px) {
      ～略～
010   .menu-card {
011     width: 50%;
012   }
013 }
```

メニューの横幅を50%＝2列表示

コードが追加できたら、ブラウザで表示を確認しましょう。

「menu.html」を新たに表示して、右クリックで表示されるメニュー「検証」からデベロッパーツールを表示して……という方法も可能ですが、もっと簡単な方法があります。

現在ブラウザでは「index.html」を表示していると思いますが、これを「menu.html」に移動させてしまいましょう。

方法は簡単で、現在表示している「index.html」のヘッダー部にあるメニューから「メニュー」をクリックし、メニューページに移動するだけです。

以下の手順を参考にして移動してください。

トップ　メニュー　アクセス　お問い合わせ

1 ヘッダーの「メニュー」をクリック

また、表示されている端末は「iPhone6/7/8」のままになっていると思うので、今回は「iPad」で確認するようにブラウザの左側上で「iPad」を選択するのを忘れないようにしましょう。

それではブラウザでの表示を確認してください。

上のように、タブレット表示で各メニューを縦2列で表示できたでしょうか？　スマートフォンではなくタブレット用のメディアクエリにCSSを追加するように気を付けましょう。

次はスマートフォン表示の際に1列で表示されるように指定します。ここではスマートフォン用のメディアクエリに指定します。

CSS　marine_coffee　responsive.css

```
014 @media (max-width: 670px) {
      ～略～
037   .menu-card {
038     width: 100%;
039   }
040 }
```

メニューの横幅を100％＝1列表示

これでメニューページのレスポンシブ対応は完了です。

アクセスページのレスポンシブ対応

次はアクセスページの表示を調整しましょう。Webサイトの基本部分の作成はこのChapterで終わりなので、あともう少し、がんばりましょう！

アクセスページでは、スマートフォン表示の際に「Google Maps」の地図がはみ出してしまうため、その部分の幅だけを調整します。まず、前Chapterで追加した「Google Maps」の地図部分のHTMLコードを確認してみましょう。

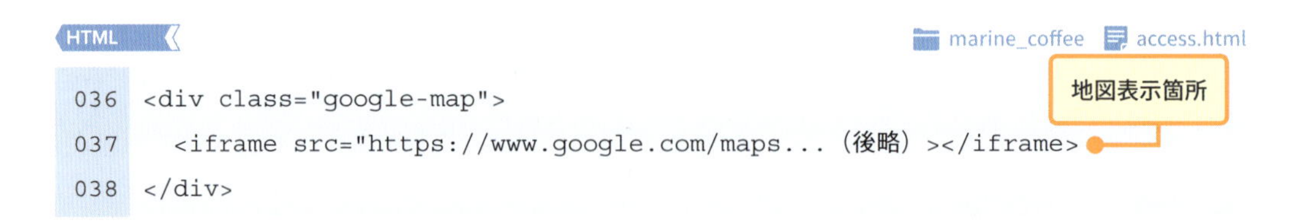


```
036 <div class="google-map">
037   <iframe src="https://www.google.com/maps...（後略）></iframe>
038 </div>
```

前Chapterで作成した際にはコードを貼り付けただけなので気付かなかったかと思いますが、実は「Google Maps」の表示には**<iframe>タグ**を使用しています。なので、この<iframe>タグに対してCSSを指定しましょう。

スマートフォン用のメディアクエリに、次ページのコードを追加してください。

CSS　marine_coffee　responsive.css

```
014 @media (max-width: 670px) {
      ～略～
040   .google-map iframe {
041     width: 100%;
042   }
043 }
```

地図の横幅を％でブラウザのサイズに合わせる

これで上の画像のように、スマートフォンでも地図がはみ出さずに表示できたかと思います。

お問い合わせページのレスポンシブ対応

いよいよ最後のページ、お問い合わせページもレスポンシブ対応を行いましょう。

お問い合わせページは、タブレット表示については特に問題はありません。

スマートフォン表示の際に各入力欄の横幅が画面いっぱいまで広がるように調整します。「スマートフォンは横幅が狭いから入力欄も狭いほうがいいのでは？」と思う人もいるかもしれませんが、この理由はのちほど説明します。

入力欄は<input>タグと<textarea>タグの2種類で作成しているので、両方のタグに同じCSSスタイルを適用しましょう。「contact」クラスの中の「input」と「textarea」という指定方法でスタイルを指定してください。次ページのコードのように記述します。

```
014 @media (max-width: 670px) {
       ～略～
043   .contact input, .contact textarea {
044     width: 100%;
045   }
046 }
```

ブラウザで表示を確認しましょう。以下のように入力欄が画面の横幅いっぱいに表示されているでしょうか？

「スマートフォンの横幅は狭いのに、なぜ入力欄を大きく表示するのか？」という問いの答えですが、スマートフォンはパソコンやタブレットに比べると画面の横幅が狭いので、ユーザーが入力欄をクリックしやすいように、あえて大きめに表示している、ということです。

これでWebサイト「Marine Coffee」の全てのページをレスポンシブ対応することができました！ 「現代的で本格的なWebサイトができあがった！」と大きな達成感を得られたのではないでしょうか。

近年はスマートフォンやタブレット端末が普及しているので、パソコン以外の端末でWebサイトにアクセスする人が非常に多いです。スマートフォンとタブレットについては、特別な理由がない限りはレスポンシブ対応をしっかりとしてあげましょう。

Chapter 6

Webサイトの集客

Webサイトの制作は終わりましたが、
より多くの人に作成したWebサイトを見てもらうための
簡単な作業をしておきましょう。

Lesson 1

ページタイトルの設定

ページのタイトルを指定する

これまで作成してきたWebサイトですが、せっかくですから多くの人に見てもらいたいですね。

実は、Webサイトを作成してインターネット上に公開しただけでは、なかなかそのWebサイトは見てもらえません。

そこでこのLessonでは、作成したWebサイトをより多くの人に見てもらえるように、Webサイトにおける**「集客」**の方法を紹介していきます。

まず、Webサイト内の各Webページが「どんな内容なのか」をわかりやすくすることが大切です。HTMLとCSSで各Webページをしっかり作り込んだとしても、どのような内容かがわかりにくければ注目を集めることは難しいでしょう。

その対策の1つとして、**Webページ1つ1つに「タイトル」を付けましょう。**Chapter4のp.97で学びましたが、ブラウザでWebページを閲覧する際、以下の画像のようにタブの部分にタイトルが表示されているのを見たことがあるかと思います。

図 ブラウザでWebページを表示した時に見えるタイトル

これはWebページのHTMLファイルのコード中に、<head>タグ内で<title>タグに設定することで表示できましたね。では、作成したWebサイト「Marine Coffee」のトップページを例に、その書き方を見てみましょう。

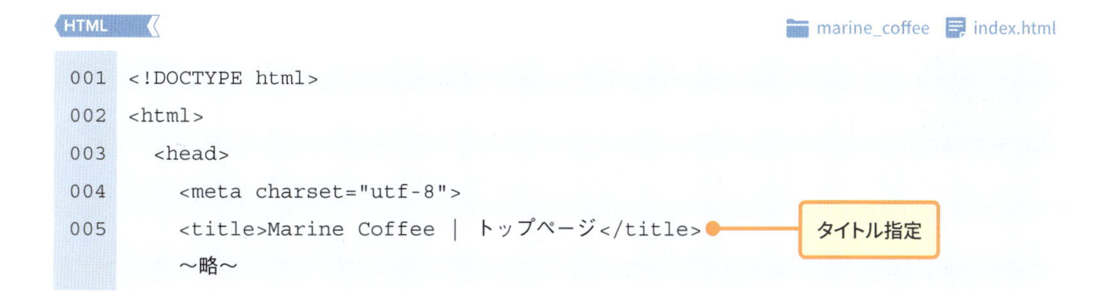


```html
001 <!DOCTYPE html>
002 <html>
003   <head>
004     <meta charset="utf-8">
005     <title>Marine Coffee | トップページ</title>
        ～略～
```

上記のように<head>内に<title>を追加し、表示したいタイトルである文字列「Marine Coffee | トップページ」を囲みます。タイトルの書き方にルールはありませんが、パッと見てどんな内容のWebサイトで、何に関するページなのかわかりやすいタイトルにしましょう。

以上を踏まえて、「Marine Coffee」のトップページの**タイトルは「Webサイト名」「ページ名」を両方記載しています。**

他のページ「メニューページ」「アクセスページ」「お問い合わせページ」も同様にタイトルを指定しましょう。本書のサンプルファイルでは以下のように指定しています。

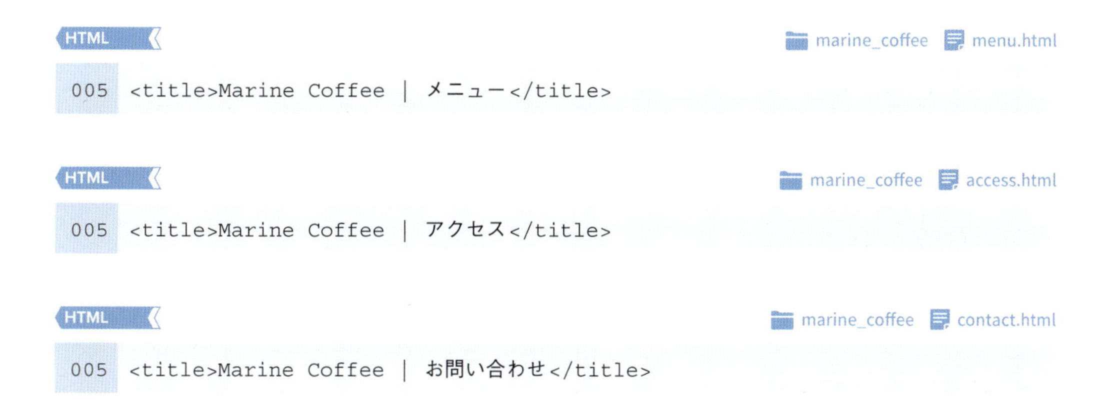


```html
005 <title>Marine Coffee | メニュー</title>
```

```html
005 <title>Marine Coffee | アクセス</title>
```

```html
005 <title>Marine Coffee | お問い合わせ</title>
```

これで各ページごとの特長を踏まえつつ、Webサイト名も分かるタイトルを設定できました。

ただ、タイトルをページごとに細かに付けることが集客の1つの方法だということにピンと来ない人もいるかもしれません。それは後ほどコラム「Webページにタイトルや説明文を設定するメリット」で説明しますが、タイトルを付けることでWebサイトへの訪問を誘導できる可能性がぐんとアップするので、必ず付けておきましょう。

Lesson 2

ページの説明文の追加

ページに説明文を付ける

先ほど設定したページのタイトルとは別に、**「ディスクリプション」**と呼ばれる**ページの説明文**を追加することもできます。これは、以下のようにインターネット検索の結果の画面などで表示されます。

図 ディスクリプションによる説明文の例

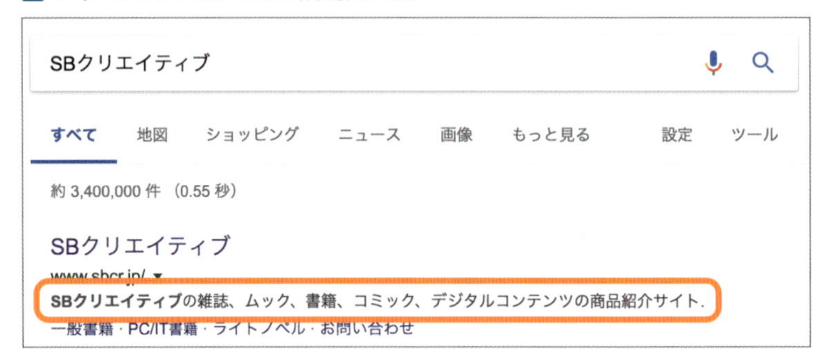

ディスクリプションを設定すると、**ユーザーにとってページの内容がわかりやすいだけでなく、検索エンジンにとってもわかりすいページになります。**

検索エンジンとは、Google検索やYahoo!検索などのインターネットの情報検索システムです。ディスクリプションで説明文を設定してあげると、これらの検索エンジンがWebサイトの概要としてその説明文を拾いやすくなります。

それでは「Marine Coffee」のトップページに設定してみましょう。

HTML　marine_coffee　index.html

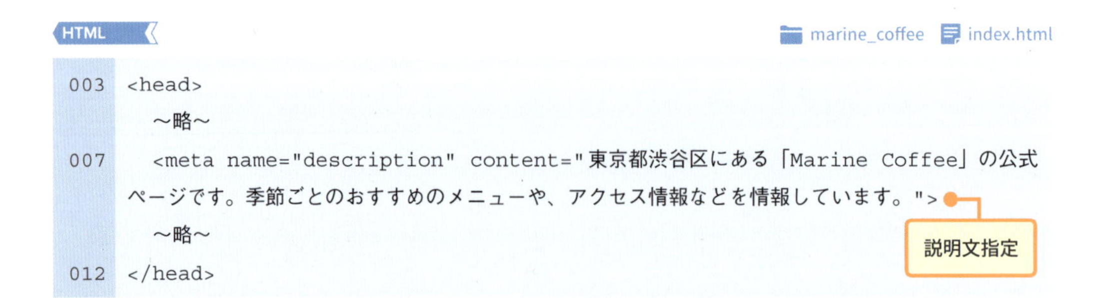

```
003 <head>
      ～略～
007   <meta name="description" content="東京都渋谷区にある「Marine Coffee」の公式ページです。季節ごとのおすすめのメニューや、アクセス情報などを情報しています。">
      ～略～
012 </head>
```

前ページに記載したコードのように、<meta>タグの**name属性に「description」**、**content属性にそのページの説明文**を書いてください。

説明文に文字数の制限はありませんが、パソコンで実際に表示される長さは120文字程度と言われているので、その程度の文字数におさめましょう。

今回はWebサイトの軸となるトップページ「index.html」に説明文を指定しましたが、その他のページもこのようにそれぞれのページの特徴を表した文章を指定しましょう。

COLUMN

Web ページにタイトルや説明文を設定するメリット

Webページにタイトルや説明文を指定してきましたが、検索エンジンが実際にどのように使用して、検索結果に反映されるかイメージできない人もいるかと思います。

下のようにイラスト化したので、そのイメージをなんとなくでもいいのでつかんでおきましょう。ユーザーにWebサイトを見てもらうためには、タイトルや説明文を指定しておくことが重要なのだと理解しておいてください。

図 タイトルや説明文を設定していない場合とした場合

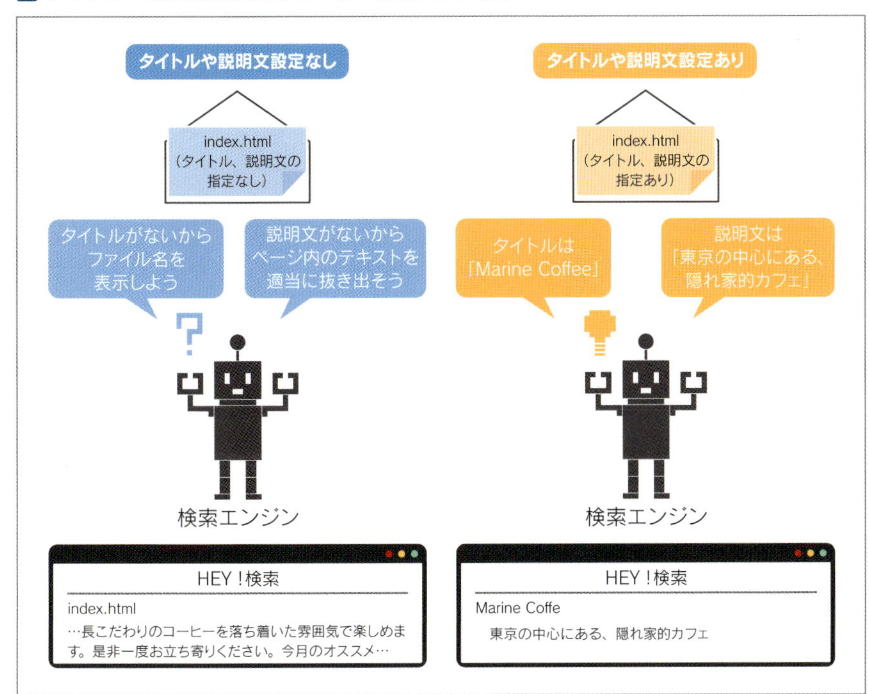

Lesson 3

ページにアイコンを設定する

ファビコンを作成し、設定する

普段ブラウザでWebサイトを見ている時、タブに表示されるタイトルの横に、以下のようなアイコンが表示されているのを見たことがありますか？

アイコンを指定することで、よく閲覧するWebサイトなら「あのWebサイトはあのアイコンだったな」と認識しやすくなります。また、Webサイトの管理者がそれぞれ独自のアイコンを指定しているので、Webサイトによって表示されるアイコンは異なります。

このアイコンも、今表示しているWebページがどのような内容なのかを利用者にわかりやすくさせる方法の1つと言えるでしょう。このアイコンの画像のことを**「ファビコン（favicon）」**と呼びます。

それでは今回は、アイコンをWebサイトに設定してみましょう。

まずはファビコン用の画像を用意します。用意する画像の条件ですが、ファイル形式はなんでもいいですが、特に理由がなければ**PNG形式**にしましょう（のちほど説明しますが、最終的にはICO形式という画像形式に変換します）。

また、なるべくシンプルなイラストの画像を用意しましょう。先ほどアイコンを確認してみてわかったと思いますが、表示できるアイコンのサイズは非常に小さいです。**シンプルで、かつどんなWebサイトなのかわかる画像**を用意するといいでしょう。

それから**縦幅と横幅の比率も1:1の画像**にしましょう。比率が均等でないと、縦長や横長に表示されてしまいます。

COLUMN

画像を自分で用意するのが難しい時はフリー素材配布サイトを使おう

これまで画像を使用する場合は本書のサンプルファイルから画像ファイルを利用してきましたが、ここまで学習してきた人の中には「自分のWebサイトを作ってみたい」と思う人もいるのではないでしょうか。

しかし、Webサイトで利用する画像を自分で用意するのが難しい人も多くいるかと思います。そんな時は、自分のイメージに合った既存の画像を利用してみましょう。

ただし**明記していない限り、画像にはほぼ全てに著作権があります。**なので、**著作権フリーの画像を利用しましょう。**

以下のWebサイト「Pixabay」（https://pixabay.com/）には多くの種類のフリー画像が配布されています。キーワードを指定して検索し、イメージ通りの画像があれば**著作権がフリーであることを確認して**使用してください。

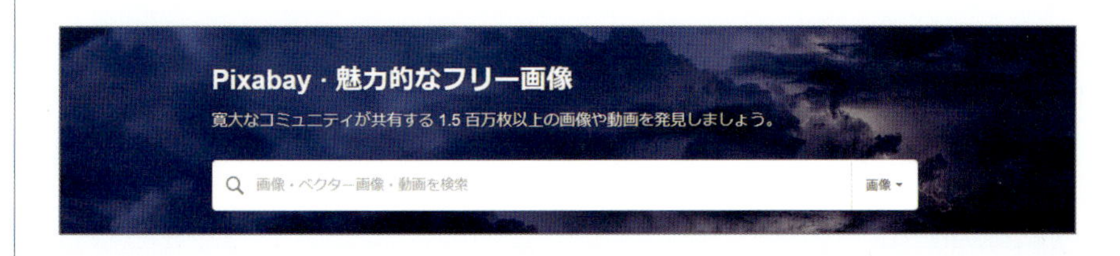

前ページで説明しましたが、**ファビコンの画像は最終的にICO形式に変換**します。PNG形式でもブラウザに表示される場合がほとんどですが、古いブラウザなどでは対応していない場合があるためです。

ICO形式に変換するには、無料で変換してくれるWebサイトを利用するのが手っ取り早いです。以下のWebサイトのアプリケーションが利用しやすいので、こちらで変換しましょう。

図 Webアプリケーション「アイコン コンバータ」

URL https://service.tree-web.net/icon_converter/

前ページのWebアプリケーションでICO形式に変換後、縦幅と横幅のサイズがいくつか選択できますが、基本的には**「32 × 32」**で十分です。

生成したアイコン画像は必ず**「favicon.ico」という名前に変更**してWebサイトに配置しましょう。今回はサンプルファイルにすでに「favicon.ico」を用意しているのでこれをコピーしてフォルダ「marine_coffee」の中にある「images」フォルダの中に配置してください。

その後、**以下の一行のコードを全てのWebページのHTMLファイルの<head>内に追加**してください。

```
003 <head>
      ～略～
008   <link rel="shortcut icon" href="images/favicon.ico">
      ～略～
012 </head>
```

これでファビコンの設定は完了です。ブラウザで表示結果を確認してみましょう。以下のオレンジ色の枠に囲まれているアイコン画像が表示されているでしょうか？

それでは次は、このChapterの終わりにSNSでの表示の設定を行いましょう。

SNSでの表示設定

SNSでシェアされた時の情報をより詳しく設定しておく

最後に、作成したWebサイトがSNS（ソーシャル・ネットワーキング・サービス）上でシェアされた時に、より集客効果が出る設定をしましょう。

FacebookやTwitterなどのSNSを利用したことがある人なら、シェアされているWebページが画像付きでわかりやすく表示されているのを見たことがあるのではないでしょうか。

図 SNS（Twitter）でシェアされた時に表示される画像例

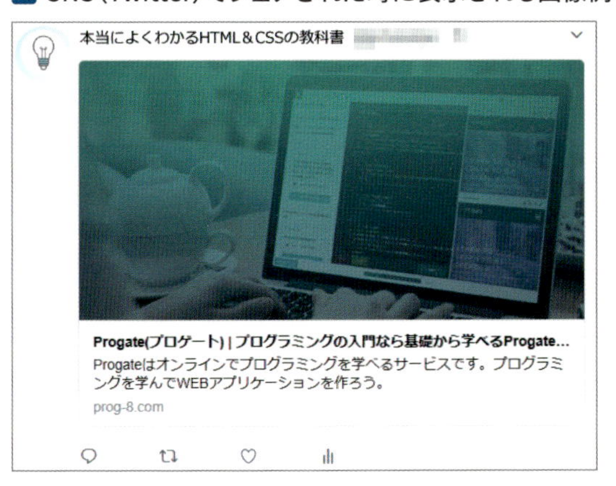

これらのようなSNSでの表示結果は、**OGP（Open Graph protocol）**と呼ばれるものを設定することで調整することができます。今回は「Twitter」と「Facebook」のそれぞれのOGPの設定方法について簡単に説明します。

Twitter、Facebook両方で設定できる情報

まずは「Twitter」「Facebook」の両方に共通して必要な設定を追加していきましょう。OGPに関する設定は、前ページでWebページの説明文を追加した時と同じように<head>タグ内の<meta>タグを使用して追加します。

HTML　　marine_coffee　index.html

```
001 <head>
      ～略～
012   <meta property="og:title" content="ページのタイトル">
013   <meta property="og:site_name" content="サイト名">
014   <meta property="og:description" content="ページの説明文">
015   <meta property="og:type" content="ページの種類">
016   <meta property="og:url" content="ページのURL">
017   <meta property="og:image" content="サムネイル画像のURL">
018 </head>
```

OGP設定

上記のコードでは、OGPに関する6つの情報を追加しています。

content属性の値については「content属性の値には何を指定すればいいか」を記述しているので参考にしてください。例えばproperty属性の値が「og:title」の場合は、content属性の値には「ページのタイトル」に該当する内容を指定しましょう。

以下、6つの情報の説明を1つずつしていきます。

og:title（ページのタイトル）

この項目にはページのタイトルを設定します。content属性に、p.183で作成した<title>タグに指定した値と同じ内容を指定しましょう。

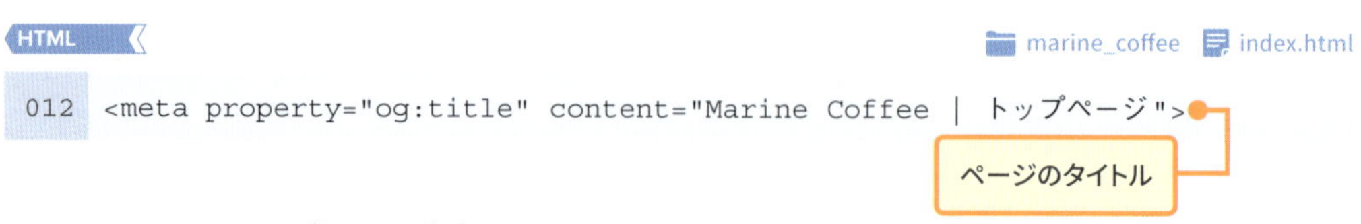

og:site_name（サイト名）

先ほど設定したのが「Webページ」の名前であったのに対し、この項目では「Webサイト」全体の名前を設定します。今回は各ページの制作を通して全体で「Marine Coffee」というWebサイトを作成しているので、その名前を指定します。

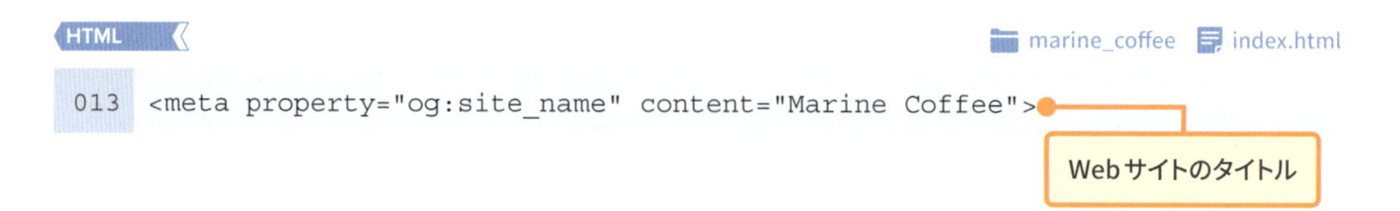

▨ og:description（ページの説明文）

この項目には、ページが表している内容の説明文を指定します。これはp.184で使用した説明文と同じ内容を指定してください。

HTML　　marine_coffee　index.html

```
014 <meta property="og:description" content="東京都渋谷区にある「Marine Coffee」の公式ページです。季節ごとのおすすめのメニューや、アクセス情報などを情報しています。">
```

ページの説明文

▨ og:type（ページの種類）

この項目は、ページがどのような種類のページであるか、ということを設定します。具体的な入力内容はいくつかの選択肢から選ぶのですが、以下のように使用すれば問題ありません。

Webサイトのトップページには、「website」を指定してください。

HTML　　marine_coffee　index.html

```
015 <meta property="og:type" content="website">
```

Webサイトのトップページ以外のページには「article」を指定しましょう。

HTML　　

```
015 <meta property="og:type" content="article">
```

▨ og:url（ページのURL）

この項目には、ページのURLを指定します。その際、「https」または「http」から始まるURLを指定するようにしましょう。

HTML　　marine_coffee　

```
016 <meta property="og:url" content="ページのURL">
```

▨ og:image（サムネイル画像のURL）

この項目にはページを表すイメージ画像を指定します。この項目を指定しておくとシェアされた際に画像が表示されるので、どのようなWebページなのか視覚的にとてもわかりやすいです。

こちらも、「https」または「http」から始まるURLを指定するようにしましょう。

HTML　　marine_coffee　index.html

```
017 <meta property="og:image" content="画像ファイルのURL">
```

Twitter 向けに設定できる情報

Twitterの場合は、これまでの項目に加えて2つの設定を追加することをおすすめします。

twitter:card

Twitter上でページのURLがシェアされた際に、画像をどのように表示するか選択できます。これもいくつかの選択肢が用意されていますが、一般的な2つの種類を紹介します。

「summary」は最も標準的な表示方法です。先ほど説明した「og:image」とあわせて設定すると「og:image」で指定した画像と、ページのタイトルと説明文が表示されます。

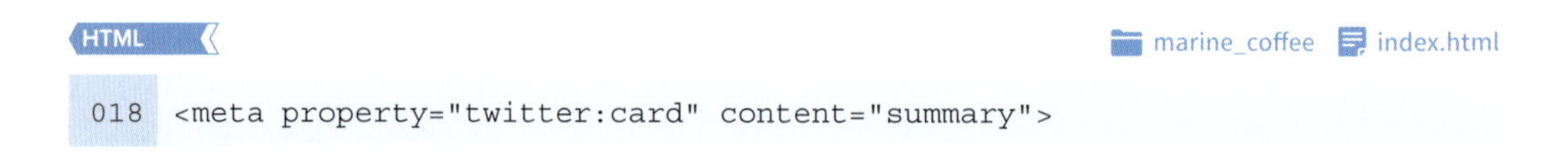

HTML　　marine_coffee　index.html

```
018 <meta property="twitter:card" content="summary">
```

図 summaryを指定した場合のイメージ

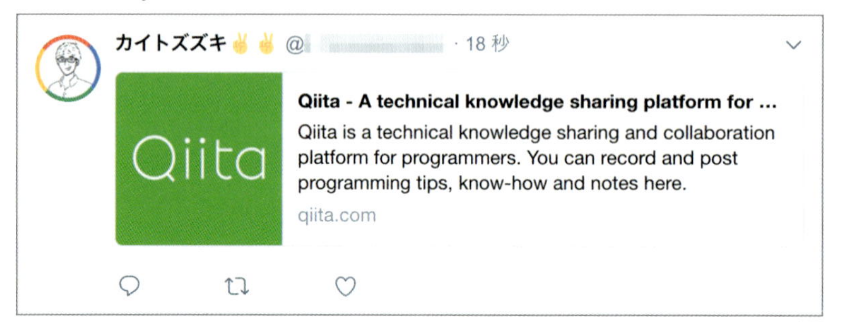

「summary_large_image」は、「summary」に比べてやや画像が大きく表示されます。画像を特に強調したい場合におすすめです。

HTML　　marine_coffee　index.html

```
018 <meta property="twitter:card" content="summary_large_image">
```

図 summary_large_imageを指定した場合のイメージ

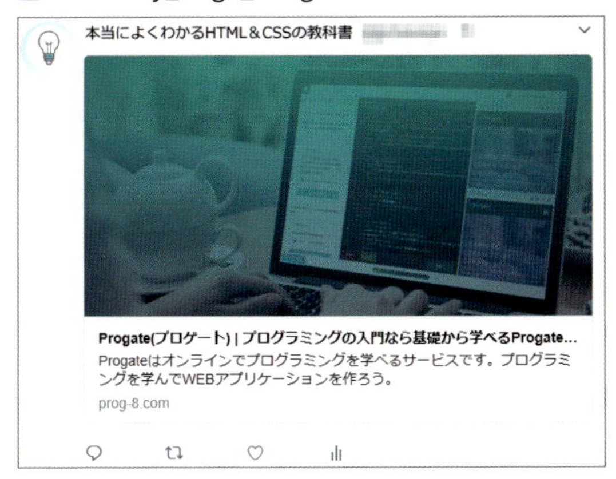

twitter:site

この項目を使用することで、自分のWebサイトとTwitterのアカウントを関連付けることができます。運営しているWebサイトとあわせて同時に、そのWebサイトに関連のあるTwitterアカウントを所有している場合には、設定することをおすすめします。

HTML　marine_coffee　index.html

```
019 <meta property="twitter:site" content="@TwitterアカウントのID">
```

Facebook 向けに設定できる情報

Facebookの場合、Facebook上でWebページの情報を表示するには「fb:app_id」というものを設定する必要があります。この「fb:app_id」に記載されている「app_id」は「facebook for developers」という開発者向けのサイトで取得しなければなりません。以下にその取得方法をまとめているので確認していきましょう。

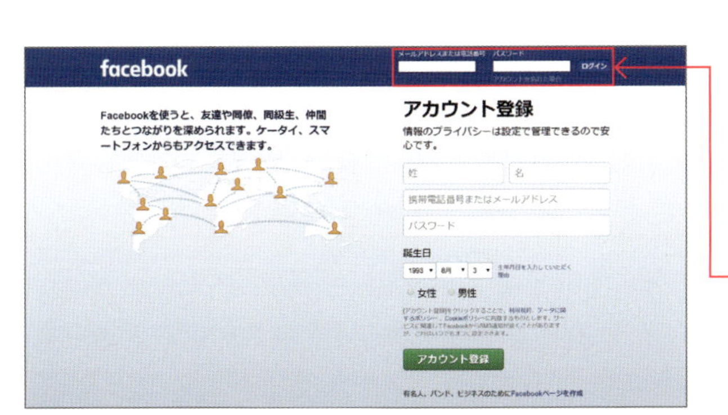

1 ブラウザでFacebookの公式サイトを表示

2 ログインする
→Facebookのアカウントがない人は画面右側の「アカウント登録」に必要事項を入力して登録しましょう

URL https://ja-jp.facebook.com/

URL https://developers.facebook.com/

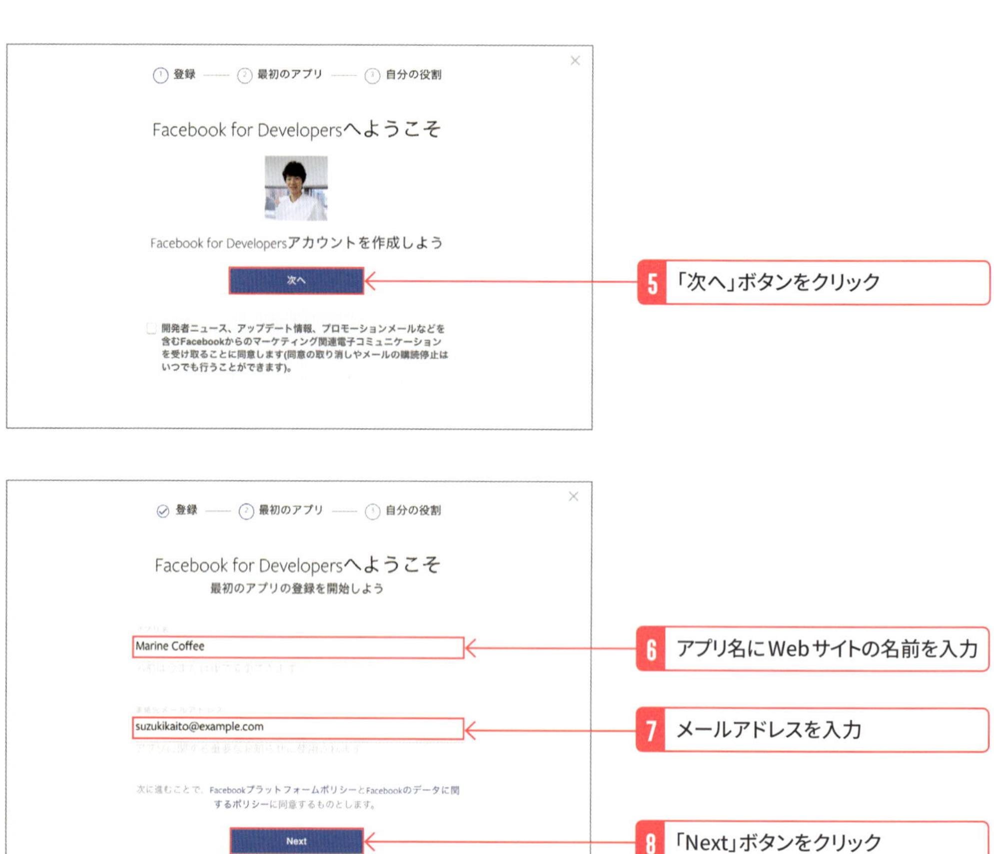

最後にコピーした15文字の数字が「app_id」です。これを以下コードの「取得したアプリID」と記載されている部分に置き換えて記載しましょう。

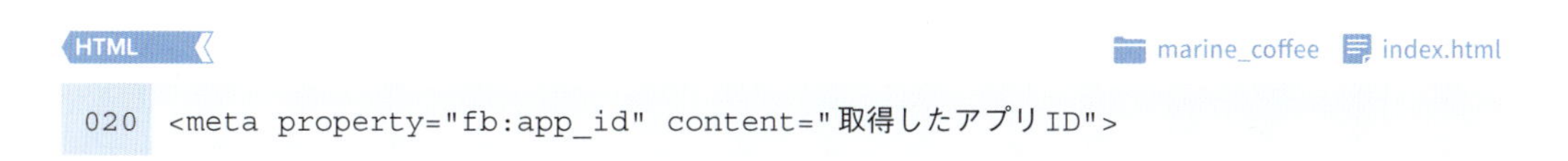

HTML　marine_coffee　index.html

```
020 <meta property="fb:app_id" content="取得したアプリID">
```

上記を設定すると、Facebookでシェアされる際に表示される内容は以下のようになります。

図 Facebookでシェアされた際のイメージ

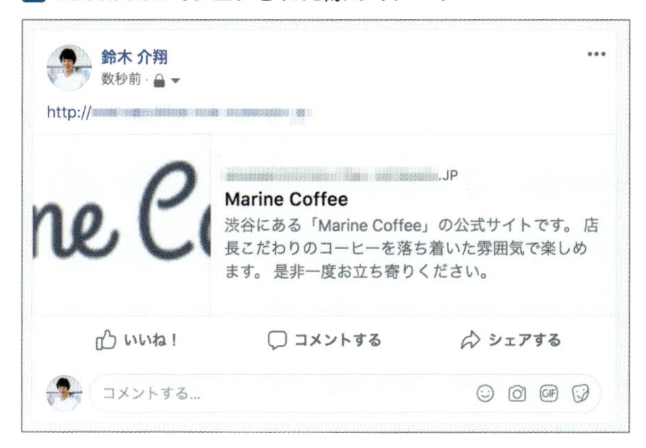

これで一通りの、「より多くの人にWebサイトを知ってもらう」ための設定は終わりました。これらのWebサイトにおける集客対策を**「SEO（検索エンジン最適化）」**と呼びます。

SEOとは**Google検索した際に表示結果を上位にさせるための集客対策**です。このLessonでおこなったSNSでの表示設定については、厳密に言うと「検索エンジンで上位に表示させる」ための直接的な対策ではありませんが、**多くの人へWebサイトの内容を知ってもらい、閲覧ユーザーを増やせれば検索エンジンで上位に表示させるという目的をより充実させることができます。**

SEO対策にはこれ以外に、Webサイトの訪問ユーザーの分析や、他Webサイトでの広告表示などさまざまなものがあります。より深く知りたい人は、検索エンジンでキーワード「SEO対策」などで検査して知識を増やしましょう。

Chapter 7

Webサイトの公開

Webサイトの制作はインターネット上に公開して完了します。
自分以外の人にWebサイトを見てもらうために
もう一息がんばりましょう!

Lesson 1

サーバーを用意する

サーバーとは

Webサイトを作成し、レスポンシブ対応も完了しました。ですが、この状態では他のパソコンはもちろん、スマートフォン、タブレットなどでも見ることができません。つまり、インターネット上にはまだ公開されていない状態です。

このChapterでは、作成したWebサイトをWeb上に公開するための方法を知りましょう。手順としては大きく分けて以下の2つを行います。

- **レンタルサーバーを借りる**
- **レンタルサーバーにファイルをアップロードする**

ここで「レンタルサーバー」という言葉が出てきました。「サーバー」を「レンタル」する、という意味ですが、「サーバー」とは何か？　について簡単に説明します。

サーバーと一言で言ってもさまざまな種類がありますが、ここではWebサーバーのことを指します。**作成したWebサイトのファイルをWebサーバーにアップロードすることで、WebサーバーはそのWebサイトを表示するのに必要な情報（ファイル）をブラウザに送ることができます。**

図 サーバーにファイルをアップロードすることでWebページとして公開できる

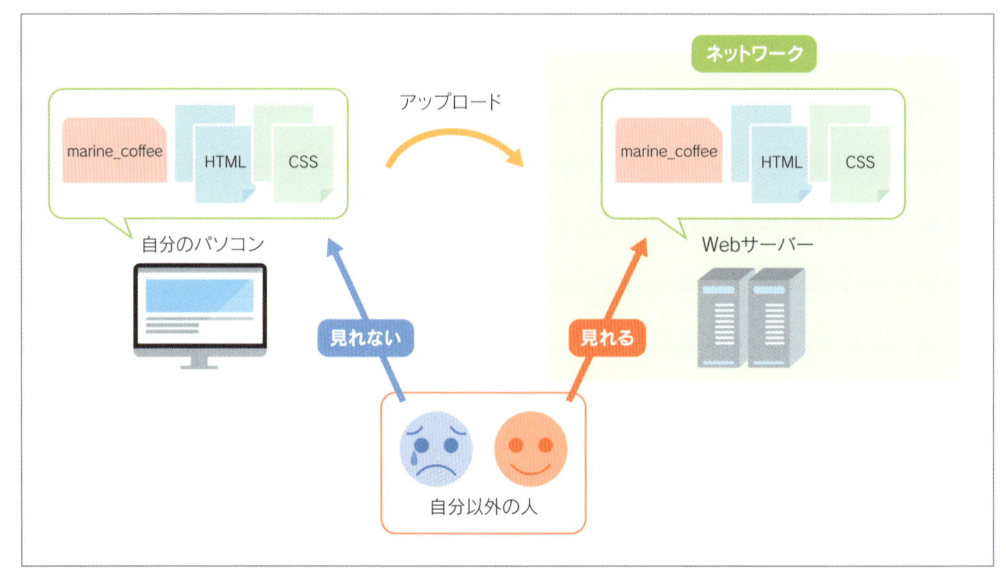

したがって、**WebサーバーにWebサイトのファイルをアップロードしない限りはインターネット上でWebサイトを公開できない**ということです。

ではWebサーバーを用意する方法ですが、これには2種類あります。自分でWebサーバーを用意するか、先ほど説明した「サーバー」を「レンタル」するかのどちらかになります。自分でWebサーバーを用意するのは、構築や管理がとても大変です。今回はレンタルサーバーを利用します。

レンタルサーバーを借りる

レンタルサーバーには無料・有料の2種類があります。本書では導入しやすいよう、**無料**のレンタルサーバーを借りてWebサイトの公開までを説明します。無料・有料のレンタルサーバーの違いや、それぞれのメリット・デメリットについてはのちほど説明します(p.205)。

今回は「Xdomain」を利用しましょう。「Xdomain」は他の無料レンタルサーバーと比べて内容が充実しており、広告が表示されないのでユーザーの閲覧の邪魔になりません。

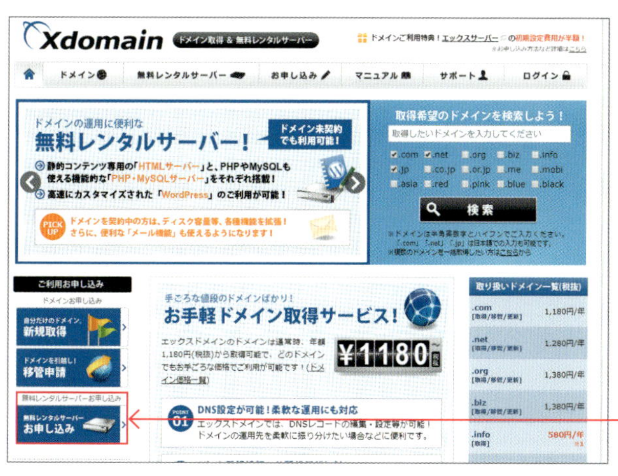

URL https://www.xdomain.ne.jp/

1 ブラウザでWebサイト「Xdomain」を表示

2 「無料レンタルサーバーお申込み」をクリック

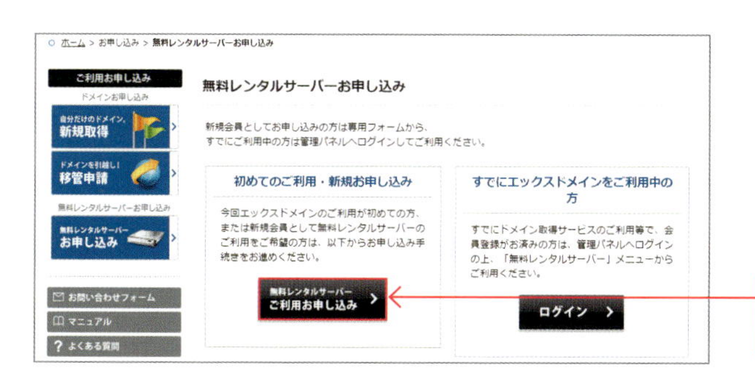

3 「無料レンタルサーバーご利用お申込み」をクリック

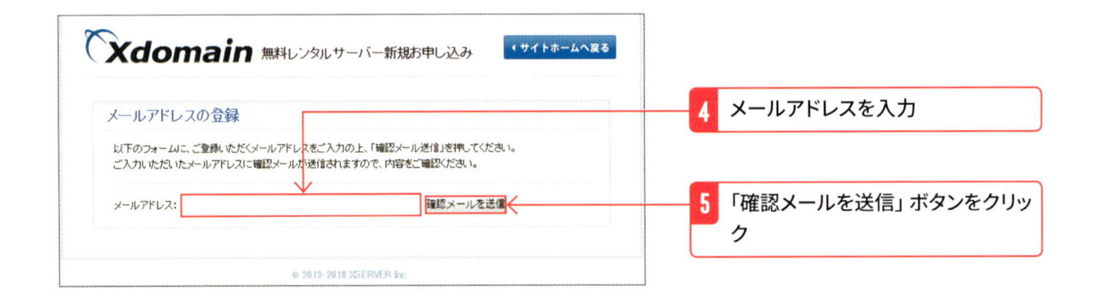

POINT

入力するメールアドレスはこれからWebサイトを管理するのに使用していくメールアドレスです。いつでも確認できるメールアドレスを入力してください。

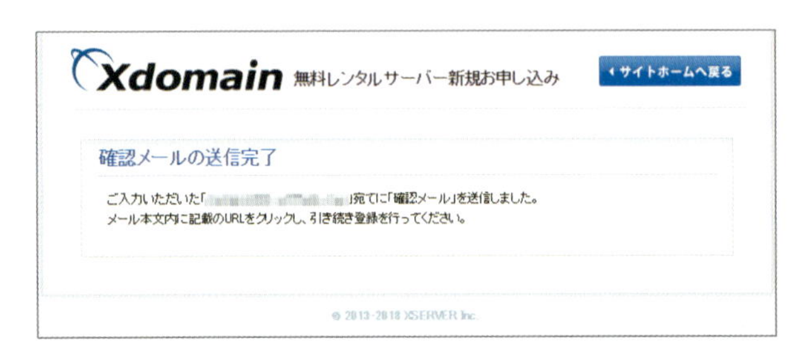

6 入力し終えたら左記の画面が表示される

7 手順4で入力したメールアドレスにメールが届くので、メールに従って申し込み用リンクをクリック

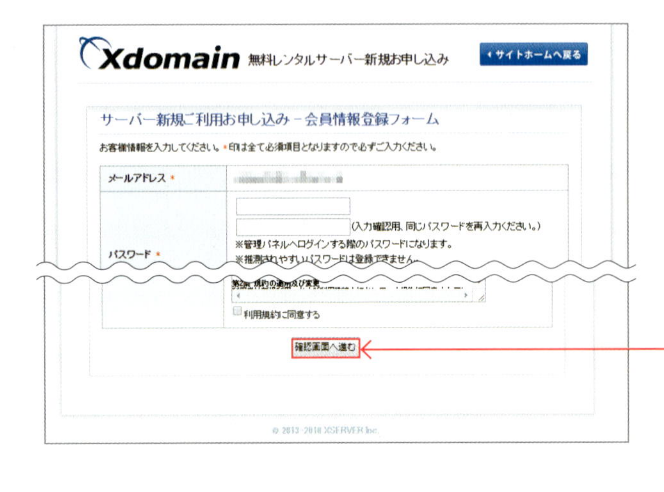

8 画面に表示される登録情報を入力

9 入力し終えたら「確認画面へ進む」ボタンをクリック

POINT

前ページの登録情報で、WHOIS代理公開サービスの「希望する」にチェックをしないと、このページで登録した情報を含めた自分の情報が公開されます。法人ではなく個人でWebサイトを利用する場合は、必要のない限り、WHOIS代理公開サービスの「希望する」にチェックを入れておきましょう。

POINT

サーバーIDに設定した文字列はURLに利用されます。作成するWebサイトにふさわしい文字列を登録しましょう。なお、一度決定すると変更できないので、注意して決定・入力しましょう。

Web サイトの URL の名前の付け方

WebサイトのURLには半角の英数字を付けるようにしましょう。日本語も使用できますが避けた方がいいでしょう。日本語を使用したURLのWebサイトもありますし、視覚的にもわかりやすいという点はありますが、それほど普及していないのが現状です。何か特別な理由がない限りは英数字を使用しましょう。

使用できる記号にも制限がありますが、2つの単語を使用したい場合は「- (ハイフン)」でつなげるとわかりやすくなります。

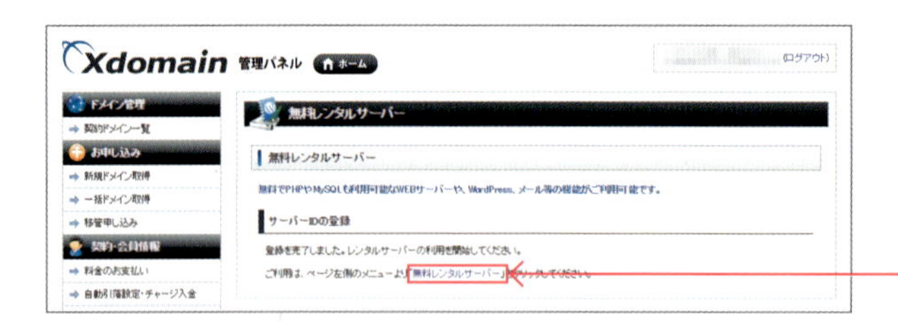

15 「無料レンタルサーバー」をクリック

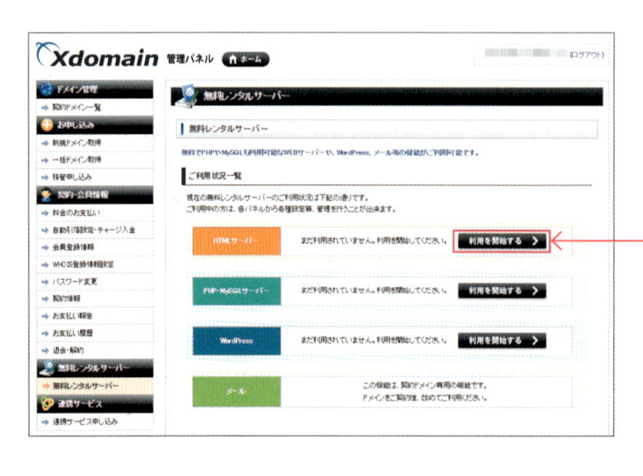

16 HTMLサーバーの「利用を開始する」ボタンをクリック

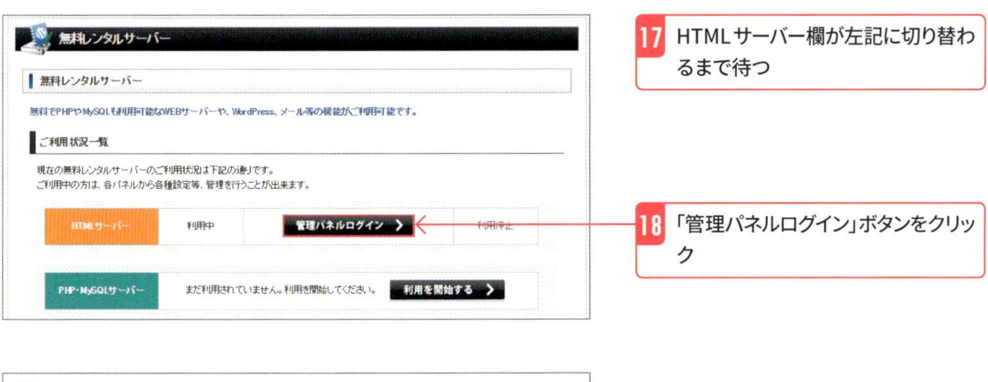

17 HTMLサーバー欄が左記に切り替わるまで待つ

18 「管理パネルログイン」ボタンをクリック

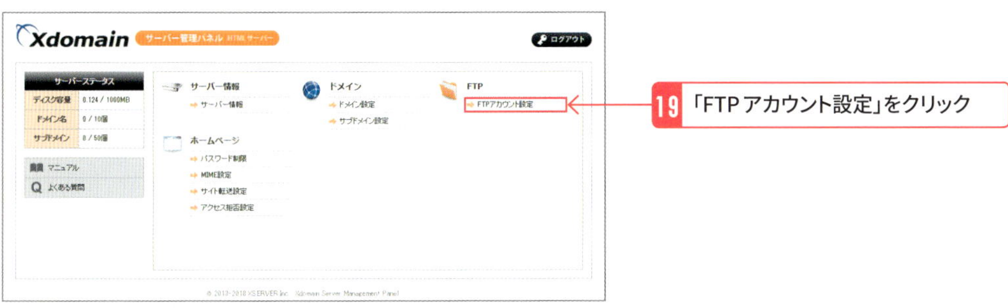

19 「FTPアカウント設定」をクリック

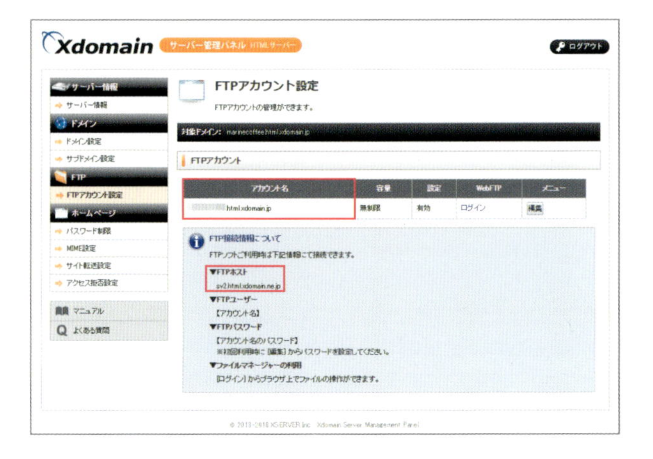

20 アカウント名、FTPホストの情報をメモに控えておく

以上でほとんどの設定は終わったのですが、のちほど必要になる情報に**「FTPパスワード」**というものがあります。「Xdomain」ではこのFTPパスワードを利用する際に、はじめに自分で設定しておかなければなりません。

最後に、FTPパスワードの設定をおこないましょう。

上記で設定したパスワードが「FTPパスワード」になります。次Lessonで使用するので、**忘れないようメモを取っておきましょう。**

以上でレンタルサーバーに対する登録と、ファイルをレンタルサーバーにアップロードする準備が整いました。次からは、「FileZilla」という無料ソフトを使って実際に作成したファイルをレンタルサーバーにアップロードして、Web上で公開する方法を知りましょう。

COLUMN

無料レンタルサーバーと有料レンタルサーバーのメリット・デメリット

p.199でレンタルサーバーには無料で利用できるものと有料で利用できるものの2種類があると説明しました。このCOLUMNでは、それぞれのメリット・デメリットを紹介します。

まずは無料レンタルサーバーですが、なんといっても最大のメリットは無料であることです。試しにWebサイトを作成したので公開してみたい時など、気楽に利用できます。最近はアップロードできる容量やサービス内容も充実しているサーバーも増えています。デメリットは、広告表示が入る場合が多い点です。また、Webサイトに一気に大勢のユーザーがアクセスすると一時的にWebサイトが表示されず、せっかく集客できたユーザーにWebサイトを見てもらえない可能性が生じます。他にも、PHPなどのプログラミング言語で作成されたファイルが利用できない可能性も高いです。**ただし、提供しているサービスごとにこれらの内容は異なるので、まず手軽にWebサイトを公開したい人にはおすすめです。**

有料レンタルサーバーのデメリットは有料であることですが、その分メリットは多いです。**手軽にWebサーバーを用意できる上、無料レンタルサーバーの提供内容を上回る充実したサービスを提供しています。**本格的にWebサイトを運営するつもりならこちらを利用するべきでしょう。有料レンタルサーバーは「ロリポップ！レンタルサーバー」や「さくらインターネット」などが代表的です。

図「ロリポップ！レンタルサーバー」と「さくらインターネット」の公式サイト

URL https://lolipop.jp/

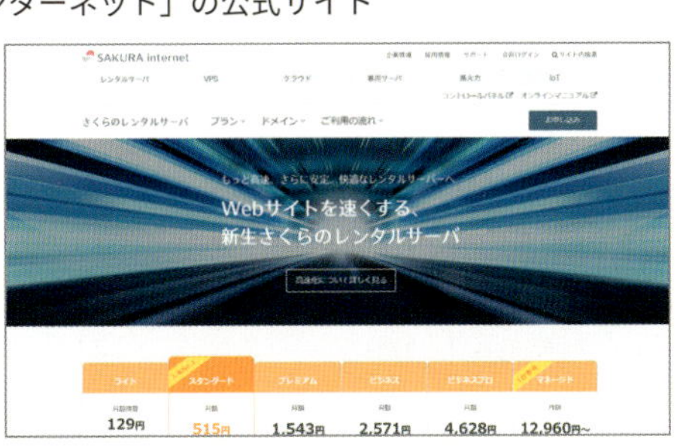

URL https://www.sakura.ne.jp/

Lesson 2

サーバーにファイルをアップロードする

ファイルアップロードソフト「File Zilla」のインストール

前LessonでWebサイトに公開するための場所であるサーバーが用意できました。それでは、その**サーバーに、作成したWebサイトをアップロードしましょう。**アップロードするにはいくつかの方法がありますが、本書では無料ソフトウェア「FileZilla」を使用します。

FileZillaは現在も開発が進んでおり、また、さまざまなレンタルサーバー会社で利用方法が説明されている、安全なアップロードソフトです。特に使用したいソフトウェアがなければこちらを利用しましょう。

URL https://filezilla-project.org/

1 「FileZilla」の公式サイトをブラウザで表示

2 「DownLoad FileZilla Client」をクリック

3 「DownLoad FileZilla Client」をクリック

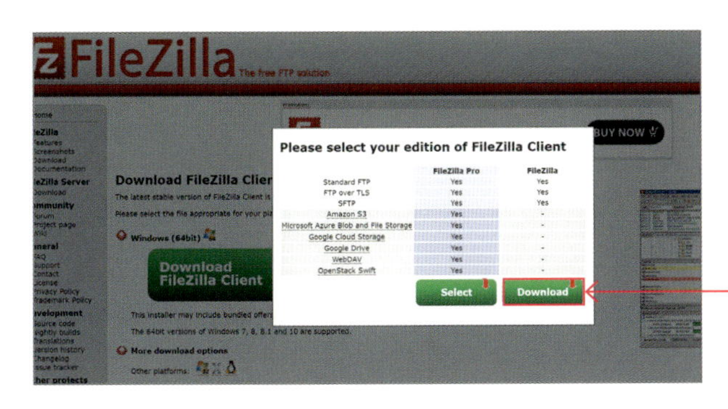

4 FileZillaの「DownLoad」をクリック

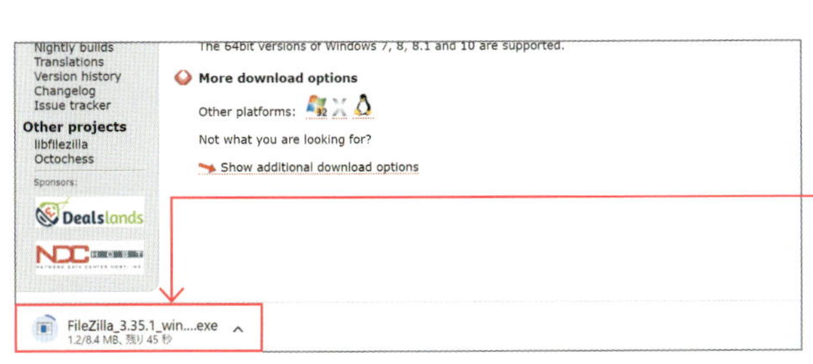

5 ダウンロードファイルをクリック、ダウンロードが終わると次の画面が表示される

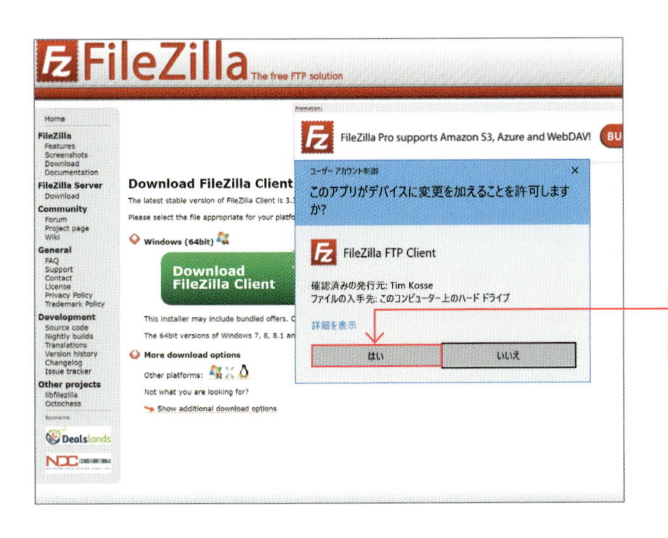

6 左記の画面が表示されたら「はい」ボタンをクリック

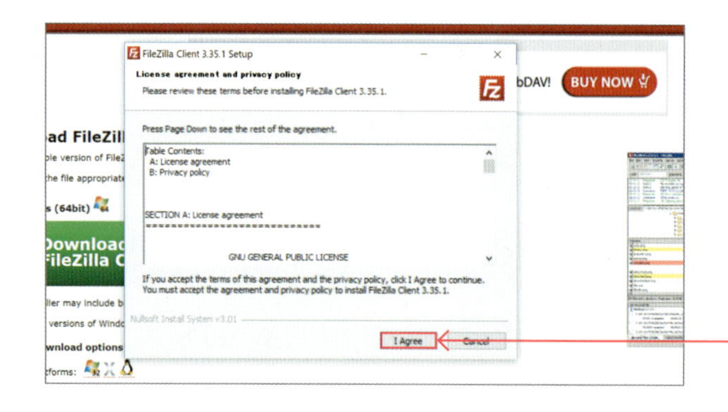

7 左記の画面が表示されたら「I Agree」ボタンをクリック

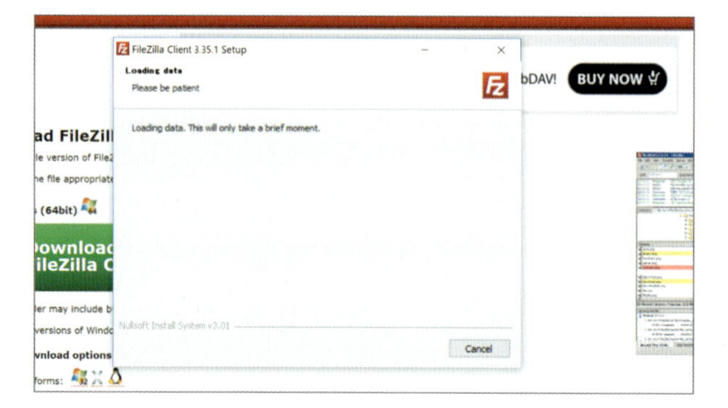

8 次の画面が表示されるまで待つ

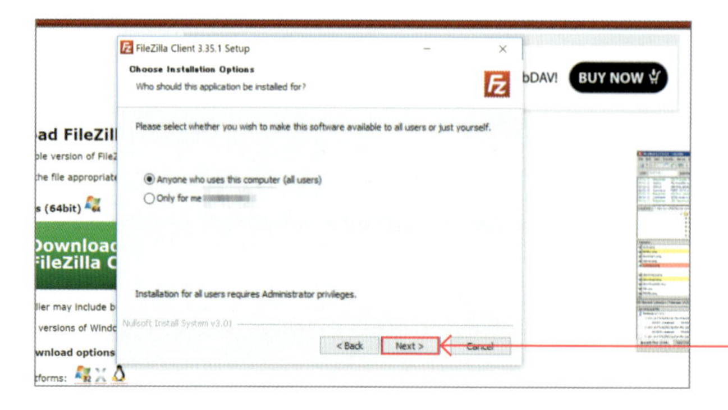

9 「NEXT」ボタンをクリック

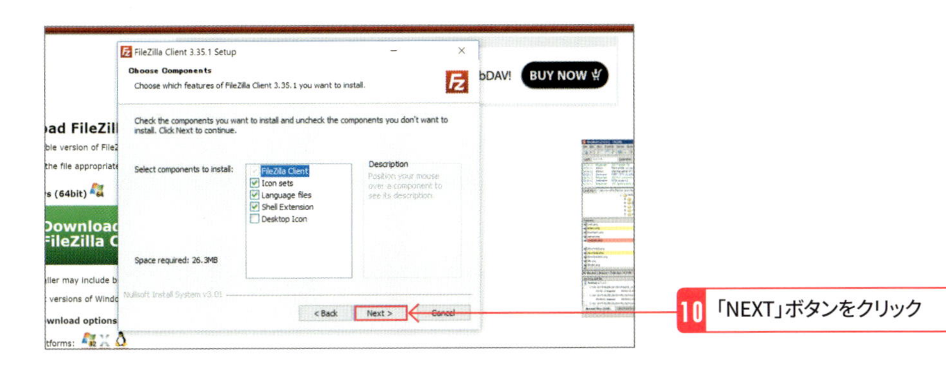

10 「NEXT」ボタンをクリック

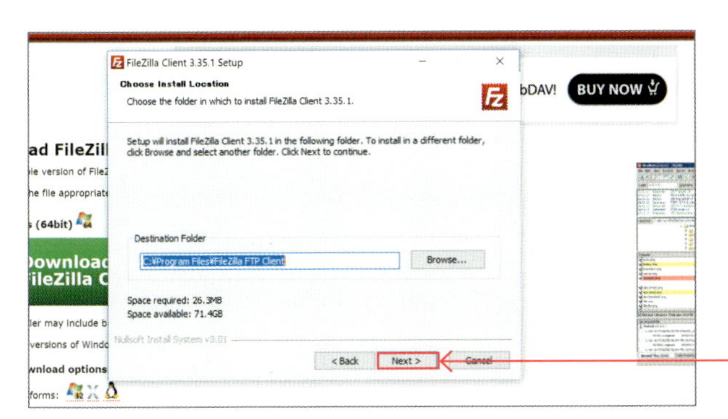

11 「NEXT」ボタンをクリック

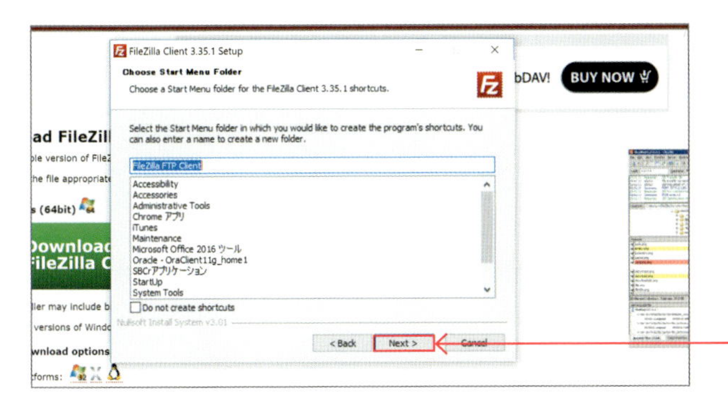

12 「NEXT」ボタンをクリック

13 「NEXT」ボタンをクリック

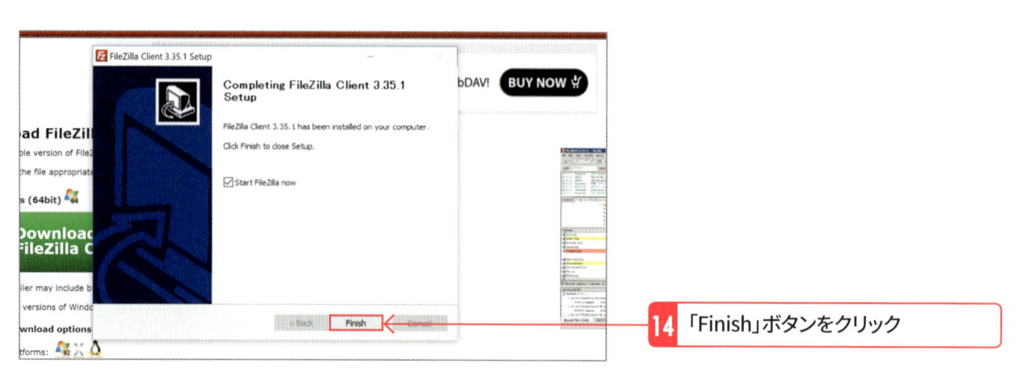
14 「Finish」ボタンをクリック

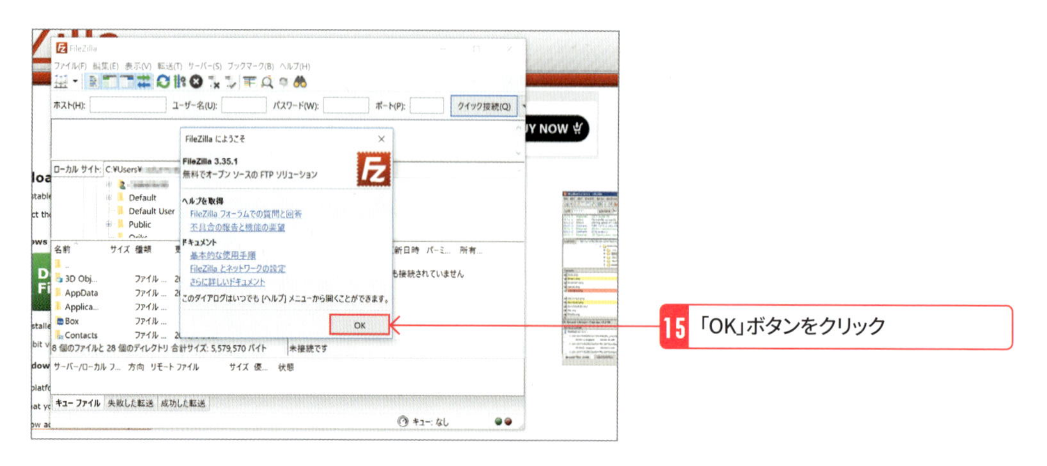
15 「OK」ボタンをクリック

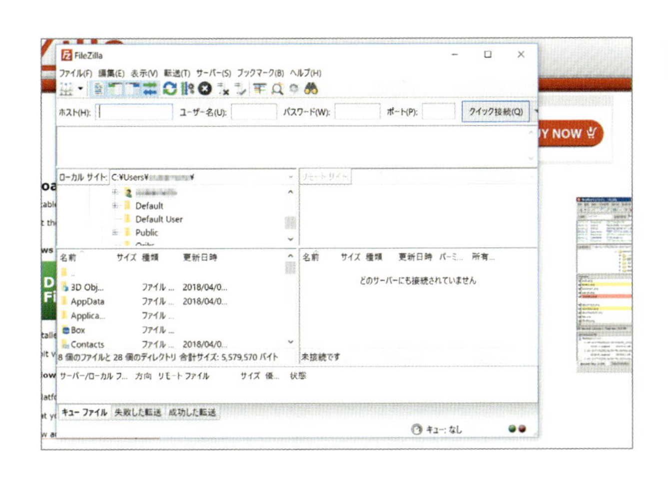

16 インストール完了

これで「File Zilla」のインストールは完了です。次からは早速このアップロードソフトを使ってWebサイトを公開しましょう。

ファイルのアップロードを行う

それではいよいよ作成したWebサイトを、レンタルサーバーにアップロードし、インターネット上に公開しましょう！

専門用語が多く混乱しやすいので、下記手順に沿って慎重に作業していきましょう。

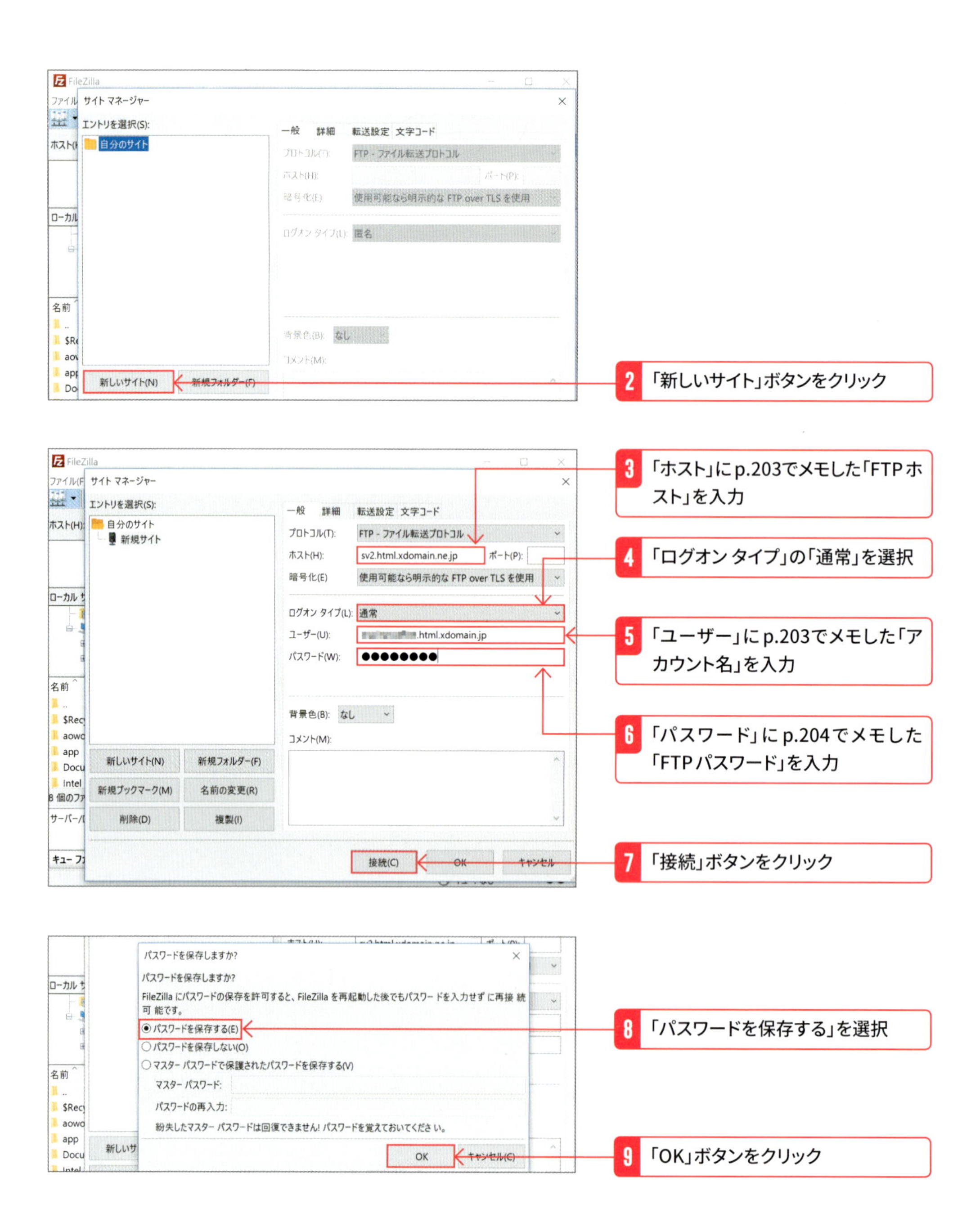
2 「新しいサイト」ボタンをクリック
3 「ホスト」にp.203でメモした「FTPホスト」を入力
4 「ログオン タイプ」の「通常」を選択
5 「ユーザー」にp.203でメモした「アカウント名」を入力
6 「パスワード」にp.204でメモした「FTPパスワード」を入力
7 「接続」ボタンをクリック
8 「パスワードを保存する」を選択
9 「OK」ボタンをクリック

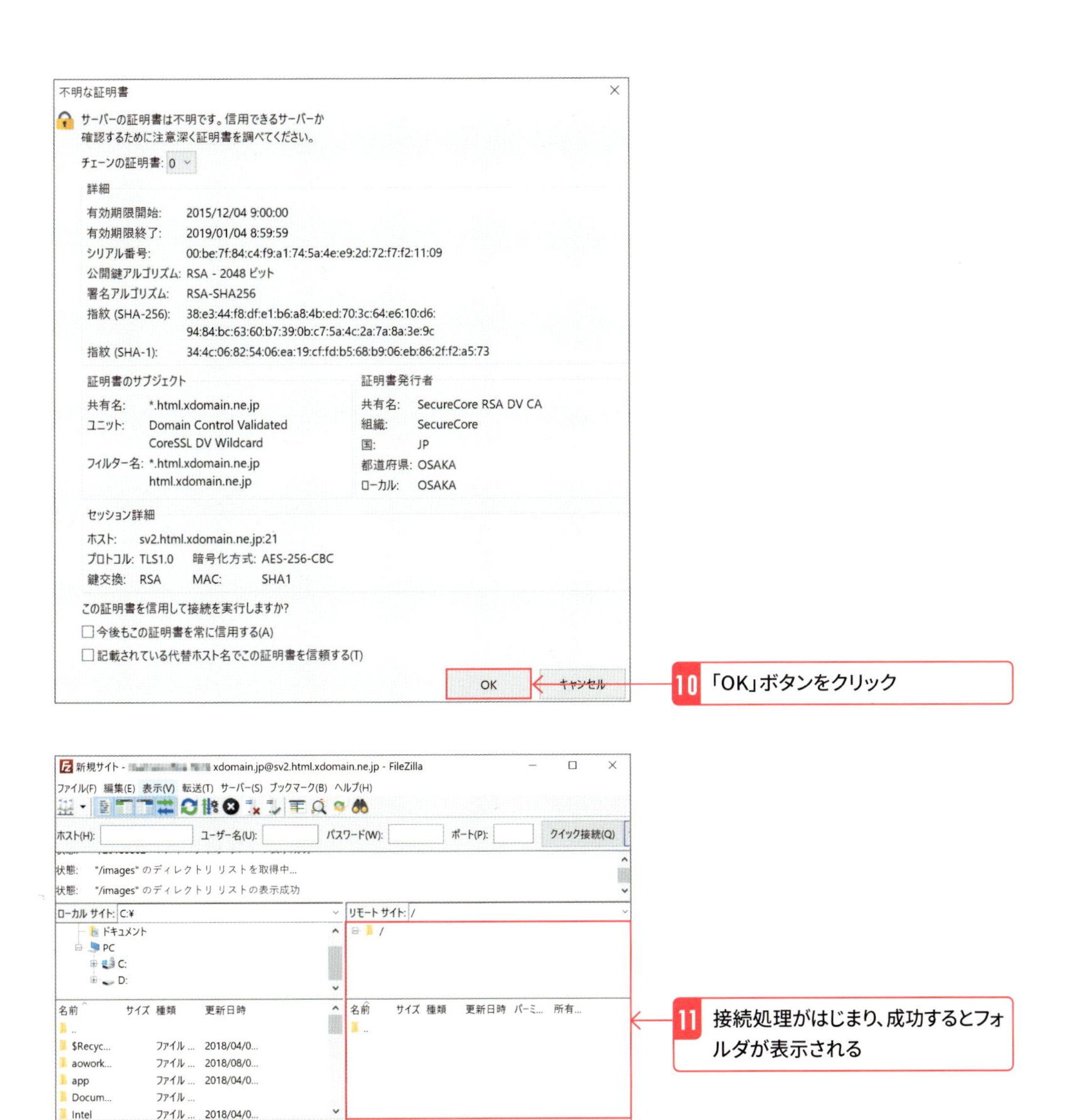

これでWebサーバーに接続することができました。もしも接続に失敗した場合、手順3、5、6で指定した「ホスト」「ユーザー」「パスワード」の値が誤っている可能性が高いです。p.203、204を読み直して、値をもう一度入力してみてください。

それでは、Webサーバーに Webサイトのファイルをアップロードする前に、今後のアップロード作業を簡単にするために次の作業をおこないましょう。

下の画面を見てください。赤枠で囲っている部分には「ローカルサイト」というものが表示されているのですが、Webサーバーにファイルをアップロードするにはここに表示されているファイルから選択します。

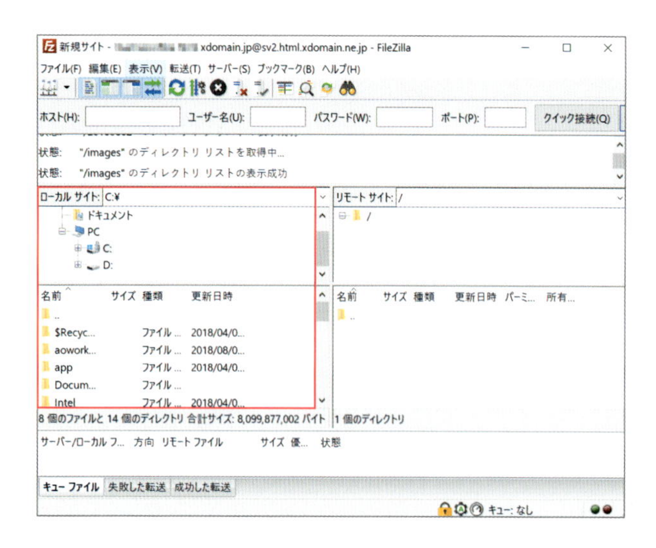

今表示されているのは「Cドライブ」直下に配置しているフォルダやファイルです。ですが、今回作成したWebサイトのファイルは本書の通りに作業していれば「ドキュメント」フォルダ内にあるはずです（Windowsの場合）。このままではアップロードできないので、表示するフォルダを変更する必要があります。

ですが今後Webサイトを更新していく際、毎回「Cドライブ」の内容を表示してからアップロードするファイルのあるフォルダまで移動するのはとても面倒ですね。

そこで、接続後に表示する「ローカルサイト」欄のフォルダを事前に設定しておきましょう。

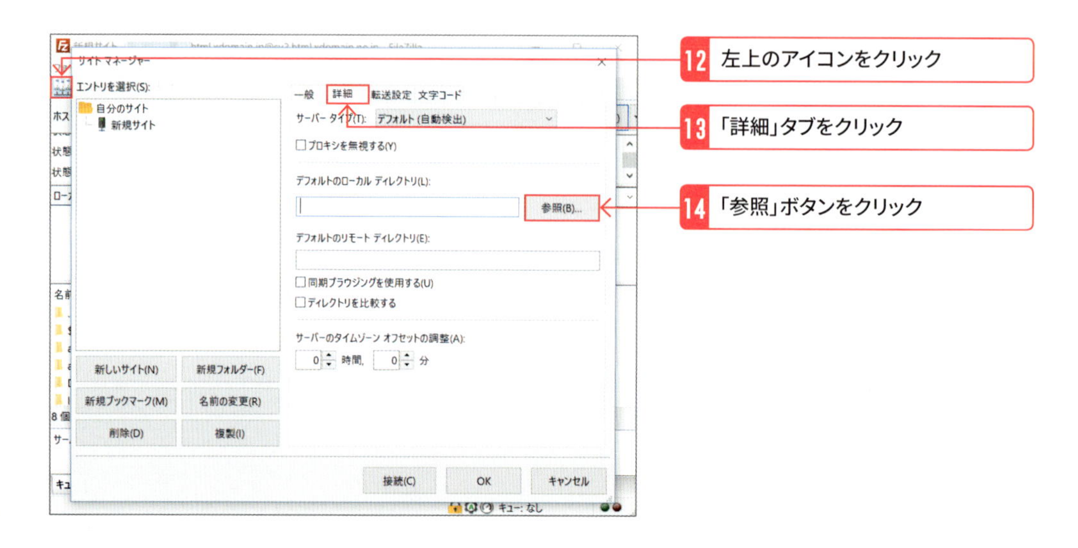

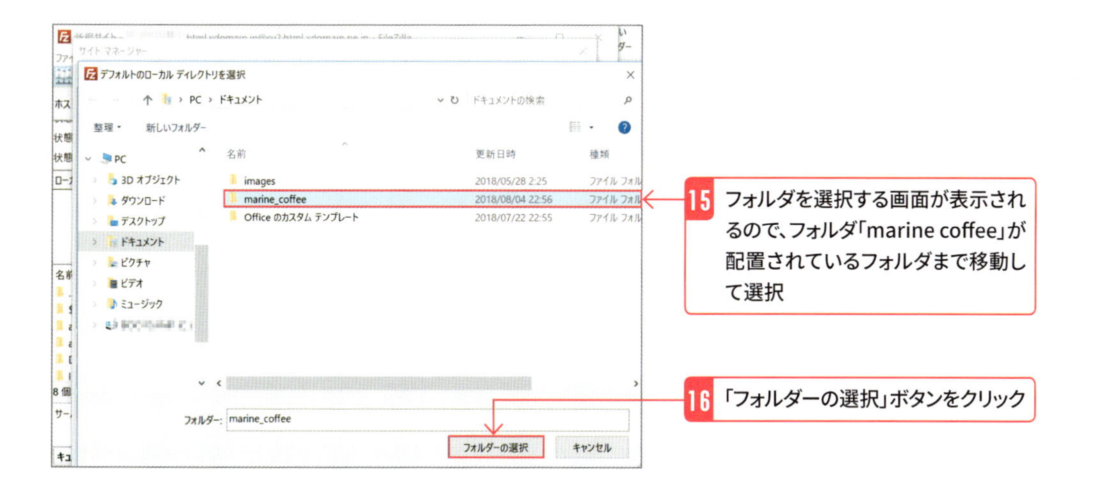

これで準備は整いました。それでは作成したWebサイトをWebサーバーにアップロードしましょう。

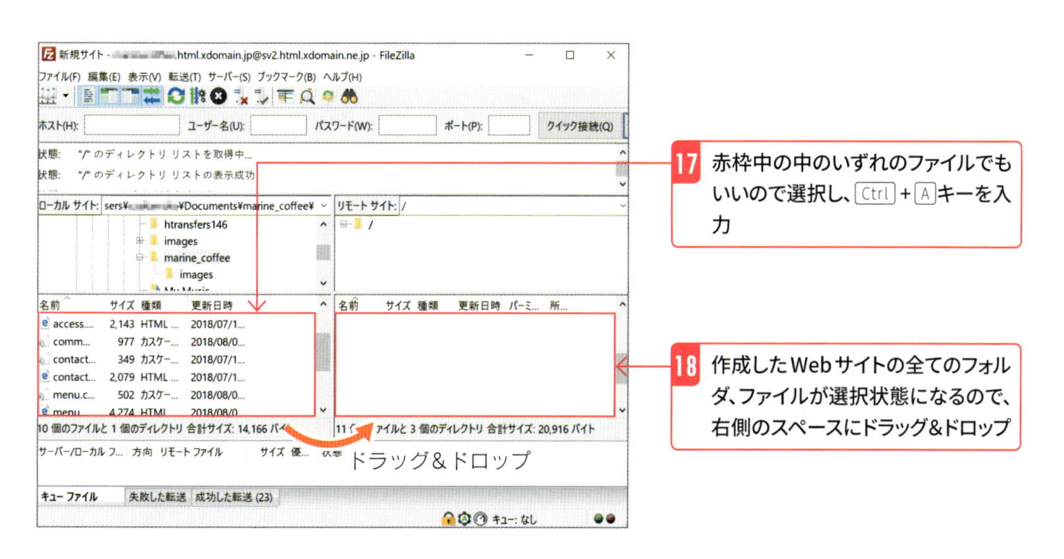

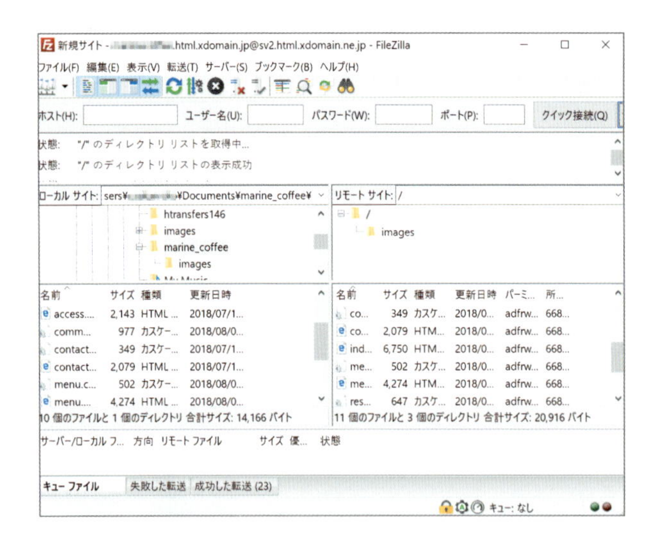

19 Webサイトのファイルが Webサーバーにアップロードされる

それでは早速、Webサイトがインターネットで表示されるか確認しましょう。

p.203でメモした「アカウント名」が今回作成したWebサイトのURLです。ブラウザのURL入力欄にそのURLを入力、またはコピーペーストして、以下のように表示されるか確認しましょう。

「index.html」の内容が表示されているでしょうか？

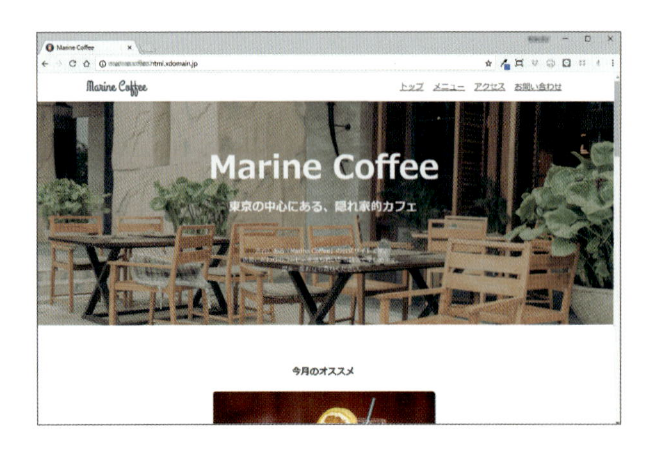

これでインターネット上で誰もが閲覧できるWebサイトが作成できました！

付録

Appendix 1

シングルページサイトの作成

作成するシングルページのWebサイトの構成

本書ではこれまで4つのWebページ「トップページ」「メニュー」「アクセス」「お問い合わせ」から成るWebサイトを作成してきましたが、ここでは**これらのページを1つにまとめたシングルページサイト**を作成していきます。

また一から作るのか、と面倒に思われるかもしれませんが、**基本的にはこれまでに作ったHTMLとCSSをコピーペーストするだけで簡単に作成できますし、**Webサイトの構成が簡単な作りであればシングルページのWebサイトを採用する法人・個人も昨今では多くなっています。ぜひ挑戦してみてください。

図 作成するシングルページサイトのイメージ

必要なフォルダとファイルの配置

それでは、Chapter4ではじめてWebサイトを作成した時のように、Webサイトのベースを作成します。

複数ページサイトで使っていた「marine_coffee」フォルダとは別に、「marine_coffee_single」を新規作成して使います。

「marine_coffee_single」フォルダをテキストエディタ「Brackets」で開き、その中に**「index.html」**を作成してください。フォルダやファイルの作り方を忘れた人はp.19 ～ 23を読み返しましょう。

複数ページサイトとは異なり、**このHTMLファイルがシングルページサイト唯一のHTMLファイル**になります。完成形のフォルダ構成のイメージを事前に見てみましょう。

図 フォルダ構成のイメージ

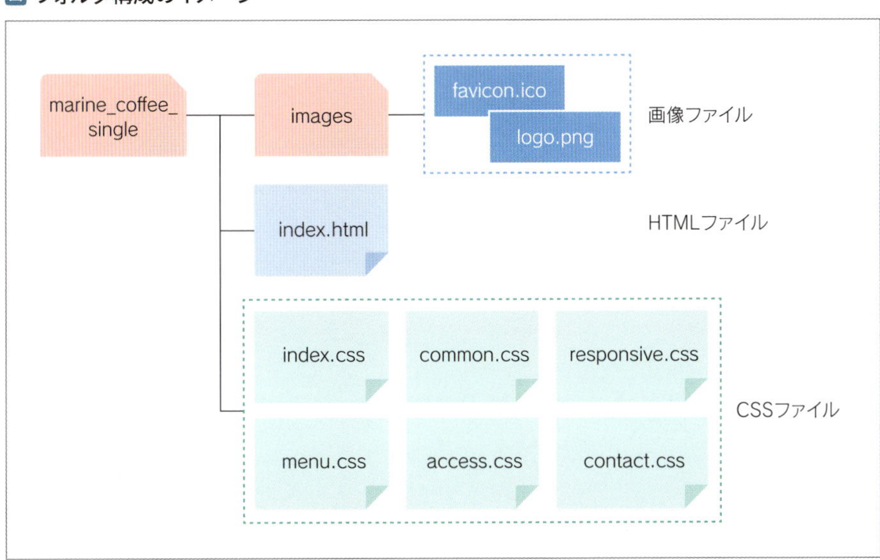

複数ページサイトとの違いは、「index.html」以外のHTMLファイルがないことで、その他のファイルは全てそろっていることです。

これはトップページ以外の全てのWebページ「メニュー」「アクセス」「お問い合わせ」も含めて、「index.html」に組み込むためです。そのため、用意されたCSSファイル、画像ファイルは全て「index.html」で使用されるということを踏まえて作業していきましょう。

それでは前ページを踏まえて、Webサイトに必要な残りのフォルダとファイルである、画像フォルダとCSSファイルを配置しましょう。

方法はとても簡単です。Windowsなら「エクスプローラー」、Macなら「Finder」で、フォルダ「marine_coffee_single」と、複数ページサイトのフォルダ「marine_coffee」を開きましょう。そして、**フォルダ「marine_coffee」でHTMLファイルをのぞいた全てのフォルダとファイルをコピーして、フォルダ「marine_coffee_single」にペーストしましょう。**

図 配置方法のイメージ

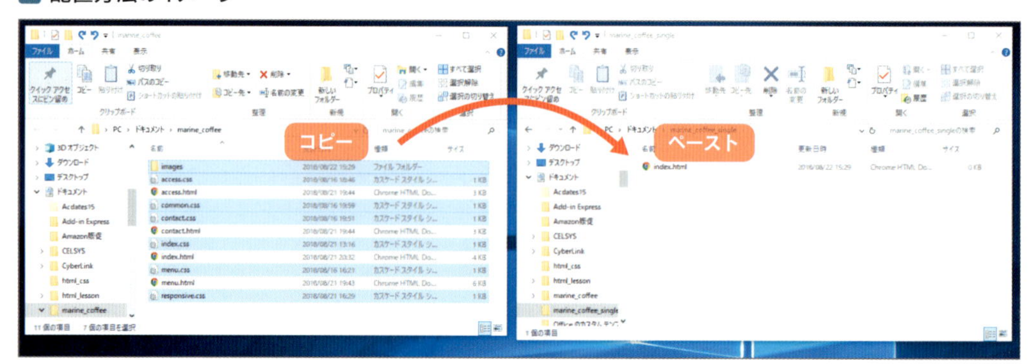

フォルダ「marine_coffee_single」に入っているファイルとフォルダは以下の通りになっているでしょうか？

図 フォルダ「marine_coffee_single」に入っているファイル内容

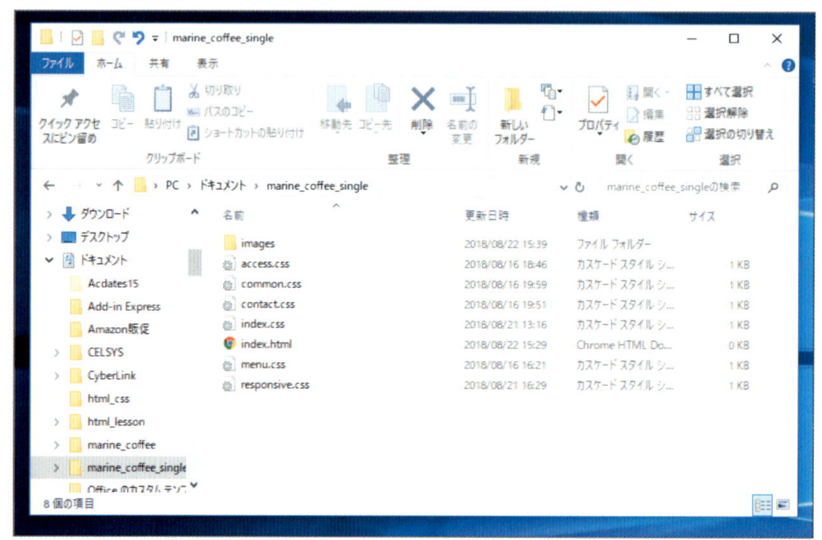

◪ ヘッダー、フッター、トップページの作成

必要なフォルダとファイルは全て配置できたので、「index.html」にシングルページに表示する内容を記述していきます。

まずは**「ヘッダー」「フッター」「トップページ」**の内容を作っていきますが、**実際に自分でコードを書く必要は1行もありません。複数ページサイトで作った「index.html」のコードを全てコピーペーストするだけです。**

フォルダ「marine_coffee」のファイル「index.html」をテキストエディタで開いて、Ctrl + Aキーを押してコードを全て選択して、Ctrl + Cキーでコピーしましょう。そして、同じくテキストエディタでフォルダ「marine_coffee_single」のファイル「index.html」を開いて、Ctrl + Vキーを押してペーストしてください。

ここまでの作業を終えたら、ブラウザで「index.html」を表示して結果を確認しましょう。

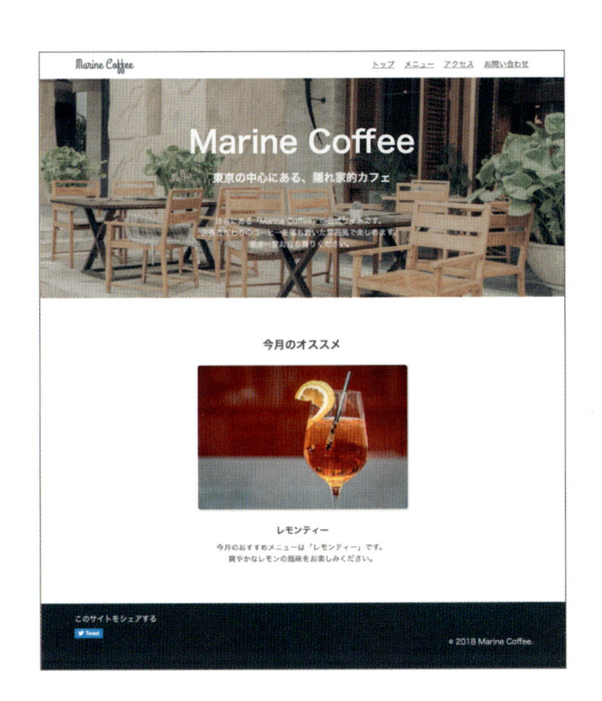

上記のように表示されていますか？　レイアウト崩れや、真っ白なページしか表示されないといった問題がある場合は、もう一度作業内容を確認してみましょう。

これで作成する4ページの中の1ページはできあがりました。

この「トップページ」の下に、残りのページを追加していきましょう。

メニュー、アクセス、お問い合わせページの作成

それでは残りのページも追加していきましょう。

ただ、先ほどのように全てのコードを選択してコピーペースト、というわけにはいきません。**各ページ独自のコンテンツ部分のみをコピーペースト**しましょう。

まずは「メニュー」ページをシングルページに配置します。複数ページサイトのフォルダ「marine_coffee」の「menu.html」をテキストエディタで開いてください。

先ほども述べたように、独自のコンテンツ部分のみをコピーすればいいので、「メニュー」ページの独自のコンテンツ部分の**<div class="menu">から終了タグまでを選択してコピー**しましょう。

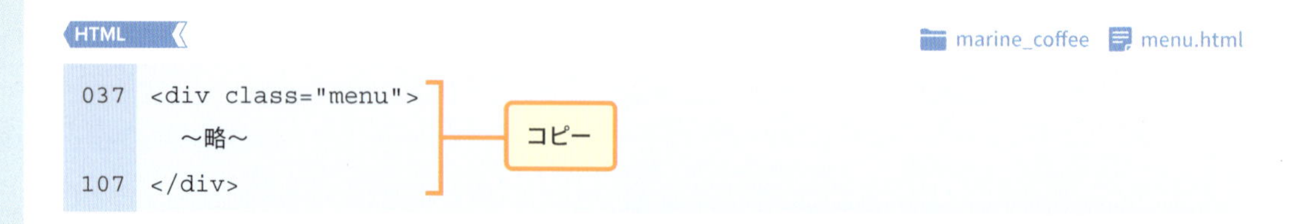

上記のようにコピーしたら、シングルページのフォルダ「marine_coffee_single」のファイル「index.html」にペーストしましょう。ペーストする位置は、「フッター」の直前です。

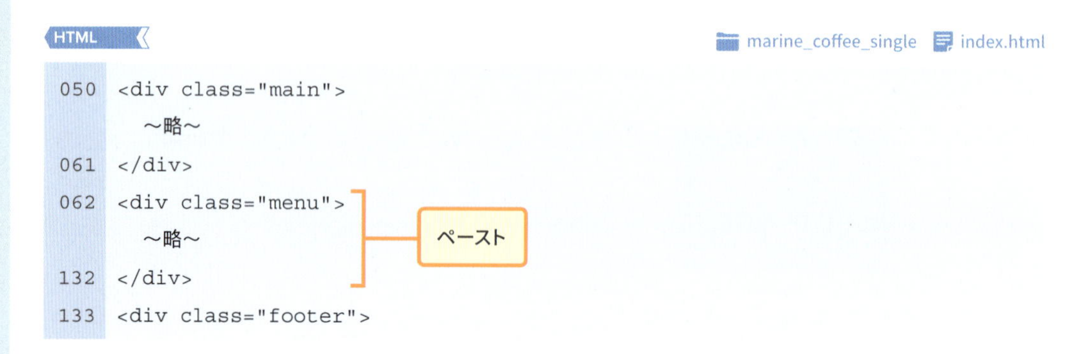

最後に、「メニュー」ページだけで使用していたCSSファイル「menu.css」の読み込みを行いましょう。これもコピーペーストでOKです。

HTML　marine_coffee_single　index.html

```
010 <link rel="stylesheet" href="index.css">
011 <link rel="stylesheet" href="menu.css">
```

「index.css」の下にペースト

これで「メニュー」ページの移動は完成です。ブラウザで「index.html」を表示して確認しましょう。

上記のように、スクロールすると「トップページ」の内容の下に「メニュー」の内容が表示されているでしょうか。

もしも「メニュー」部分のレイアウトが崩れている場合は、「menu.css」がフォルダ「marine_coffee_single」に配置されていなかったり、CSSファイルの読み込みが正しくコードに書かれていない可能性があります。もう一度この内容を読み直してみましょう。

それでは、以上の要領で残りの「アクセス」「お問い合わせ」も一気にコピーペーストしてしまいましょう。

HTML　marine_coffee　access.html

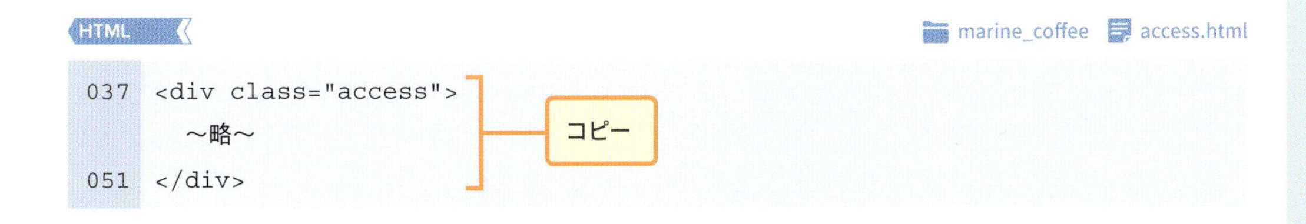

```
037 <div class="access">
      ～略～
051 </div>
```

コピー

「アクセス」ページは、<div class="access">から終了タグまでを選択してコピーしましょう。

コピーした内容は、シングルページのフォルダ「marine_coffee_single」のファイル「index.html」にペーストしましょう。ペーストする位置は、「フッター」の直前です。

HTML　marine_coffee_single　index.html

```
063 <div class="menu">
      ～略～
133 </div>
134 <div class="access">
      ～略～
148 </div>
149 <div class="footer">
```

ペースト

CSSファイル「access.css」の読み込み部分のコードを以下のようにコピーペーストしましょう。

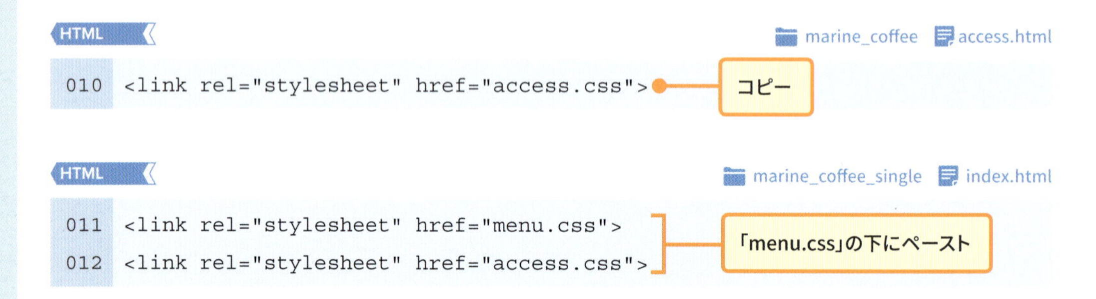

続けて、「お問い合わせ」ページの内容も以下のようにコピーペーストします。

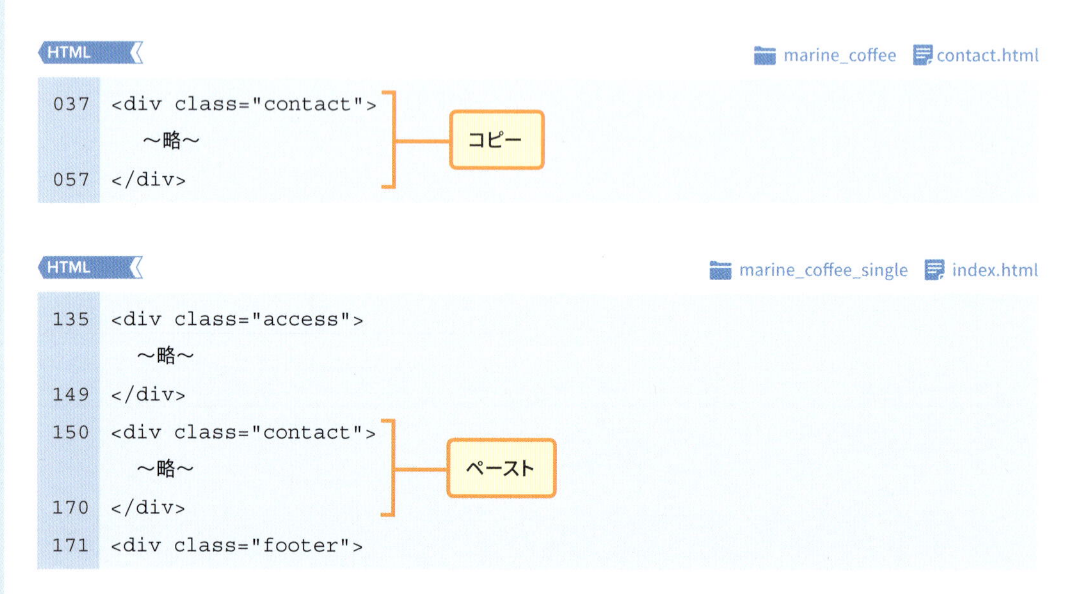

最後に、CSSファイル「contact.css」の読み込み部分のコードを以下のようにコピーペーストしましょう。

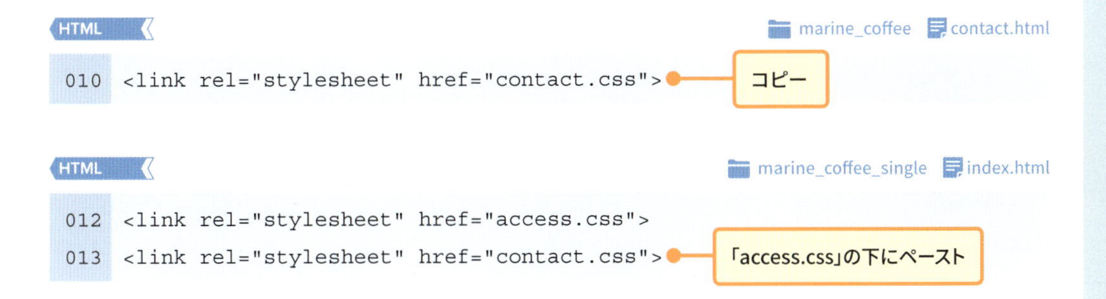

HTML　marine_coffee　contact.html

```
010 <link rel="stylesheet" href="contact.css">
```

コピー

HTML　marine_coffee_single　index.html

```
012 <link rel="stylesheet" href="access.css">
013 <link rel="stylesheet" href="contact.css">
```

「access.css」の下にペースト

それではブラウザで「index.html」の表示を確認しましょう。以下のように表示されているでしょうか。

レイアウトが崩れることなく表示されていれば完成です。

これで全てのWebページの内容を1ページにまとめることができました！　コピーペーストだけでまとめることができましたね。

ただ、少しコードを書かなければいけない変更箇所があります。それを次のページで説明します。

ヘッダーメニューのリンクの変更

先ほど説明した変更箇所というのは、ヘッダー部にあるメニューのリンク先です。現在の「index.html」には、各ページへのリンクが指定されていると思います。「お問い合わせ」なら「contact.html」へのリンクが指定されていますね。

これを、**各ページのHTMLファイルではなく同ページ内の指定箇所に遷移するように変更**しましょう。

同ページ内の指定箇所をリンク先に指定するには、まずは**遷移する指定箇所に「id」属性で名前を付ける**必要があります。まずは、ヘッダーの「メニュー」をクリックすると、見出し「メニュー」の位置に画面がスクロールする（遷移する）ように指定してみます。

以下のコードのように見出し「メニュー」に「id」属性を指定しましょう。

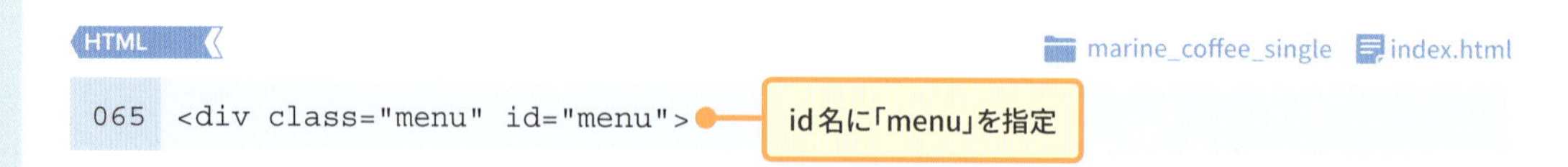

それでは、ヘッダーの「メニュー」に、**この場所に遷移するように指定**します。指定の仕方は**「a」タグの「href」属性に、#（シャープ）+id名**を指定するだけです。

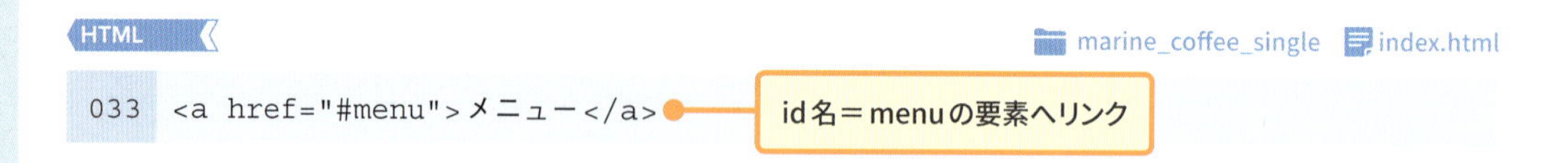

変更し終えたらブラウザで動作を確認しましょう。「index.html」を表示して、ヘッダーの「メニュー」をクリックしてください。以下のように「メニュー」の位置にスクロールしたでしょうか？

それでは、「アクセス」「お問い合わせ」も同じように変更しましょう。
「アクセス」は以下のように変更してください。

変更できたら、ブラウザで「index.html」を表示して実際にクリックし、動作を確認しましょう。
これでシングルページのWebサイトも完成しました！　お疲れ様です。

INDEX

HTMLタグ

CSSプロパティ

記号

数字

B

C

D

F

G

H

I

J

チートシート

HTML	html	終了タグ：必須
説明	HTML全体の内容を包括する。ルート要素とも呼ばれる。	

HTML	head	終了タグ：必須
説明	ページの情報を記述していくタグ。	

HTML	body	終了タグ：必須
説明	実際に表示される内容を記述していくタグ。	

HTML	meta	終了タグ：不要
説明	ページに関するさまざまな情報。メタデータとも呼ばれる。	
属性	charsetなど	
属性の使い方	`charset="値"` 「値」に指定したい文字コードを指定	

HTML	link	終了タグ：不要
説明	リンクする別ファイルを指定する際に使用するタグ。	
属性	rel、hrefなど	
属性の使い方	`rel="値"` 「値」にリンクするファイルへのリンクタイプを指定（CSSファイルならstyleshhet） `href="値"` 「値」にリンクするファイルのファイルパスを指定	

HTML	div	終了タグ：必須
説明	意味を持たないタグ。複数の要素をまとめるためによく使用される。	

HTML	span	終了タグ：必須
説明	意味を持たないタグ。文字列の一部分を装飾するためなどに使用される。	

HTML	h1〜h6	終了タグ：必須
説明	見出し。数字が小さいほど文字サイズが大きく、数字が大きいほど文字サイズが小さい。	

HTML	p	終了タグ：必須
説明	段落。	

HTML	br	終了タグ：不要
説明	改行。<p>タグの文章中を改行するために用いる。	

HTML	a	終了タグ：必須
説明	リンク。	
属性	href、targetなど	
属性の使い方	href="値"　「値」に表示したいWebページのURLを指定 target="値"　「値」には「_self」「_blank」などが入る。他のWebサイトに移動する場合は「_blank」を指定して、ブラウザの別タブに指定したURLのWebページを表示させるのが一般的	

HTML	img	終了タグ：不要
説明	画像の表示。	
属性	src、alt、width、heightなど	
属性の使い方	src="値"　「値」に表示したい画像のURLを指定 alt="値"　「値」に表示する画像の説明文を指定 width="値"　「値」に画像の表示サイズ（横幅）を指定 height="値"　「値」に画像の表示サイズ（高さ）を指定	

HTML	title	終了タグ：必須
説明	Webページのタイトル。特に理由がない限り全てのWebページ（HTMLファイル）に指定すること。検索エンジンへの正確な情報提供にもなる。	

HTML	form	終了タグ：必須
説明	ユーザーが情報を入力、送信するための部品。	

HTML	input	終了タグ：不要
説明	formであつかう入力欄やボタンなどの部品のタグ。	
属性	typeなど	
属性の使い方	`type="text"`　1行のテキストボックス（入力欄）を表示 `type="email"`　メールアドレス入力用の入力欄を表示 `type="radio"`　ラジオボタン（複数の選択肢から1つしか選択できない）を表示 `type="checkbox"`　チェックボックス（複数の選択が可能）を表示 `type="button"`　ボタンを表示	

HTML	select	終了タグ：必須
説明	セレクトボックス（選択式の入力欄）。	

HTML	option	終了タグ：必須
説明	セレクトボックスの内容である選択肢。	

HTML	textarea	終了タグ：必須
説明	複数行のテキストボックス。	

HTML	style	終了タグ：必須
説明	CSS（スタイルシート）を記述していくタグ。	

HTML	iframe	終了タグ：必須
説明	インラインフレームを作成するタグ。ページ内のHTMLファイルとは別の内容のHTMLファイルを表示する。	

HTML	ul	終了タグ：必須
説明	箇条書きのリストを作成するタグ。	

HTML	li	終了タグ：必須
説明	箇条書きのリストに表示する内容。	

HTML	table	終了タグ：必須
説明	表（テーブル）を作成するタグ。	

HTML	tr	終了タグ：必須
説明	表（テーブル）の横一列を包括するタグ。	

HTML	th	終了タグ：必須
説明	表（テーブル）の見出しセル。	

HTML	td	終了タグ：必須
説明	表（テーブル）のデータセル。	

CSS	color
説明	文字色を指定する。
値	色名、カラーコードなど
使い方	`color: red;` 文字色を赤色に指定 `color: #ff0000;` 文字色をカラーコード「#ff0000」に指定

CSS	font-size
説明	文字のサイズを指定する。
値	px、em、%など
使い方	`font-size: 18px;` 文字のサイズを18pxに指定 `font-size: 1em;` 文字のサイズを1emに指定

CSS	font-family
説明	文字のフォントを指定する。
値	serif、sans-serifなど
使い方	`font-family: serif;` 文字のフォントを明朝体に指定

CSS	font-weight
説明	文字の幅を指定する。
値	bold、normalなど
使い方	`font-weight: bold;` 文字を太字に指定 `font-weight: normal;` 文字を標準の太さに指定

CSS	text-decoration
説明	文字の傍線を指定する。
値	underline、line-throughなど
使い方	text-decoration: underline;　文字に下線を指定 text-decoration: line-through;　文字に打ち消し線を指定

CSS	background-image
説明	背景に表示する画像を指定する。
値	画像のファイルパス
使い方	background-image: 画像のファイルパス;　「画像のファイルパス」に指定した画像を背景に表示する

CSS	background-color
説明	背景に指定した色を表示する。
値	色名、カラーコードなど
使い方	background-color: red;　背景色に赤色を指定 background-color: #ccffff;　背景色にカラーコード「#ccffff」を指定

CSS	background-attachment
説明	ページがスクロールされた時に背景画像はどのように表示されるか指定する。
値	fixed、scroll
使い方	background-attachment: fixed;　スクロールしても背景画像は固定されて表示される background-attachment: scroll;　スクロールに従って背景画像も移動して表示される

CSS	background-position
説明	背景画像の表示開始位置を指定する。
値	0、right、center、left、topなど
使い方	background-position: 0;　ブラウザ画面左上から背景画像が表示される background-position: right top;　ブラウザ画面右上から背景画像が表示される

CSS	background-repeat
説明	背景画像の繰り返しを指定する。
値	repeat、norepeatなど
使い方	`background-repeat: repeat;` ブラウザ画面に表示されているサイズに応じて背景画像が繰り返し表示される `background-repeat: norepeat;` 背景画像に対してブラウザ画面が大きくても、背景画像は繰り返し表示されず1つの画像のみ表示される

CSS	width
説明	幅を指定する。
値	px、%など
使い方	`width: 200px;` 幅を200pxに指定 `width: 100%;` 幅を100%（要素の幅いっぱい）に指定

CSS	height
説明	高さを指定する。
値	px、%など
使い方	`height: 200px;` 高さを200pxに指定 `height: 100%;` 高さを100%（ウィンドウサイズ1ページの高さいっぱい）に指定

CSS	border
説明	枠線のスタイルを指定する。
値	枠線の太さ、種類、色
使い方	`border: 1px solid red;` 枠線の太さを1px、1本線、赤色に指定

CSS	border-top
説明	上の枠線のスタイルを指定する。
値	枠線の太さ、種類、色
使い方	`border-top: 1px solid red;` 上の枠線の太さを1px、1本線、赤色に指定

CSS	border-bottom
説明	下の枠線のスタイルを指定する。
値	枠線の太さ、種類、色
使い方	border-bottom: 1px solid red;　下の枠線の太さを1px、1本線、赤色に指定

CSS	border-left
説明	左の枠線のスタイルを指定する。
値	枠線の太さ、種類、色
使い方	border-left: 1px solid red;　左の枠線の太さを1px、1本線、赤色に指定

CSS	border-right
説明	右の枠線のスタイルを指定する。
値	枠線の太さ、種類、色
使い方	border-right: 1px solid red;　右の枠線の太さを1px、1本線、赤色に指定

CSS	margin
説明	指定した要素の外側の余白を指定する。
値	px、auto、0など
使い方	margin: 10px;　外側の上下左右の余白を10pxに指定 margin: auto;　外側の上下左右の余白を自動的に指定 margin: 0;　外側の上下左右の余白をなくすよう指定 margin: 10px 20px;　外側の上下の余白を10px、左右の余白を20pxに指定 margin: 10px 20px 15px;　外側の上の余白を10px、左右の余白を20px、下の余白を15pxに指定 margin: 10px 20px 15px 30px;　外側の上の余白を10px、右の余白を20px、下の余白を15px、左の余白を30pxに指定

CSS	margin-top
説明	指定した要素の外側の上の余白を指定する。
値	px、auto、0など
使い方	`margin-top: 10px;` 外側の上の余白を10pxに指定 `margin-top: auto;` 外側の上の余白を自動的に指定 `margin-top: 0;` 外側の上の余白ををなくすよう指定

CSS	margin-bottom
説明	指定した要素の外側の下の余白を指定する。
値	px、auto、0など
使い方	`margin-bottom: 10px;` 外側の下の余白を10pxに指定 `margin-bottom: auto;` 外側の下の余白を自動的に指定 `margin-bottom: 0;` 外側の下の余白ををなくすよう指定

CSS	margin-left
説明	指定した要素の外側の左の余白を指定する。
値	px、auto、0など
使い方	`margin-left: 10px;` 外側の左の余白を10pxに指定 `margin-left: auto;` 外側の左の余白を自動的に指定 `margin-left: 0;` 外側の左の余白ををなくすよう指定

CSS	margin-right
説明	指定した要素の外側の右の余白を指定する。
値	px、auto、0など
使い方	`margin-right: 10px;` 外側の右の余白を10pxに指定 `margin-right: auto;` 外側の右の余白を自動的に指定 `margin-right: 0;` 外側の右の余白ををなくすよう指定

CSS	padding
説明	指定した要素の内側の余白を指定する。
値	px、auto、0など
使い方	padding: 10px;　内側の上下左右の余白を10pxに指定 padding: auto;　内側の上下左右の余白を自動的に指定 padding: 0;　内側の上下左右の余白をなくすよう指定 padding: 10px 20px;　内側の上下の余白を10px、左右の余白を20pxに指定 padding: 10px 20px 15px;　内側の上の余白を10px、左右の余白を20px、下の余白を15pxに指定 padding: 10px 20px 15px 30px;　内側の上の余白を10px、右の余白を20px、下の余白を15px、左の余白を30pxに指定

CSS	padding-top
説明	指定した要素の内側の上の余白を指定する。
値	px、auto、0など
使い方	padding-top: 10px;　内側の上の余白を10pxに指定 padding-top: auto;　内側の上の余白を自動的に指定 padding-top: 0;　内側の上の余白ををなくすよう指定

CSS	padding-bottom
説明	指定した要素の内側の下の余白を指定する。
値	px、auto、0など
使い方	padding-bottom: 10px;　内側の下の余白を10pxに指定 padding-bottom: auto;　内側の下の余白を自動的に指定 padding-bottom: 0;　内側の下の余白ををなくすよう指定

CSS	padding-left
説明	指定した要素の内側の左の余白を指定する。
値	px、auto、0など
使い方	padding-left: 10px;　内側の左の余白を10pxに指定 padding-left: auto;　内側の左の余白を自動的に指定 padding-left: 0;　内側の左の余白ををなくすよう指定

CSS	padding-right
説明	指定した要素の内側の右の余白を指定する。
値	px、auto、0など
使い方	padding-right: 10px;　内側の右の余白を10pxに指定 padding-right: auto;　内側の右の余白を自動的に指定 padding-right: 0;　内側の右の余白ををなくすよう指定

CSS	line-height
説明	行間を指定する。
値	px、1.5、%など
使い方	line-height: 16px;　行の高さを16pxに指定 line-height: auto;　行の高さを文字サイズの1.5倍に指定 line-height: 200%;　行の高さを文字サイズの200%（2倍）に指定

CSS	text-align
説明	文字の行揃えを指定する。
値	left、right、center
使い方	text-align: left;　文字を左揃えに指定 text-align: right;　文字を右揃えに指定 text-align: center;　文字を中央揃えに指定

CSS	border-radius
説明	要素の角を丸くする
値	px、%
使い方	border-radius: 10px;　要素の角の丸みを指定 border-radius: 50%;　要素を円として表示

CSS	box-shadow
説明	要素に影を追加。
値	px、カラーコード、色名
使い方	box-shadow: 横の位置 縦の位置 ぼかしの距離 広がりの距離 色;

CSS	position
説明	表示位置を指定する。
値	fixed、absolute、related
使い方	position: fixed;　表示位置を固定 position: absolute;　絶対位置に指定 position: related;　相対位置に指定

CSS	top
説明	画面上からの位置を指定する。
値	数値、pxなど
使い方	top: 0;　画面上から0の位置に表示

CSS	bottom
説明	画面下からの位置を指定する。
値	数値、pxなど
使い方	bottom: 0;　画面下から0の位置に指定

CSS	left
説明	画面左からの位置を指定する。
値	数値、pxなど
使い方	left: 0;　画面左から0の位置に指定

CSS	right
説明	画面右からの位置を指定する。
値	数値、pxなど
使い方	right: 0;　画面右から0の位置に指定

CSS	float
説明	指定した要素の回り込みを指定する。
値	left、right、none
使い方	`float: left;` 指定した要素を左に回り込ませる `float: right;` 指定した要素を右に回り込ませる `float: none;` 指定した要素を回り込ませない

CSS	clear
説明	回り込みを解除する。
値	bothなど
使い方	`clear: both;` 左右両方向からの回り込みを解除する

CSS	transition
説明	アニメーションを実行する。
値	プロパティ 時間 スピードの種類 遅延時間
使い方	`transition: プロパティ 1s;` 「プロパティ」に指定したプロパティの値を1秒かけて実行する

CSS	max-width
説明	横幅の最大値を指定。
値	px、%など
使い方	`max-width: 1000px;` 横幅は最大1000pxまで広がる

CSS	min-width
説明	横幅の最小値を指定。
値	px、%など
使い方	`min-width: 1000px;` 横幅の最小値を1000pxと指定

CSS	max-height
説明	縦幅の最代値を指定。
値	px、%など
使い方	max-height: 1000px;　縦幅は最大1000pxまで広がる

CSS	min-height
説明	縦幅の最小値を指定。
値	px、%など
使い方	min-height: 1000px;　縦幅の最小値を1000pxと指定

CSS	background-size
説明	背景画像のサイズを指定。
値	coverなど
使い方	background-size: cover;　背景画像を指定要素のサイズで表示する

CSS	opacity
説明	不透明度を指定。
値	数値（0〜1）
使い方	opacity: 1;　指定した要素をそのまま表示 opacity: 0.5;　指定した要素を半透明で表示 opacity: 0;　指定した要素が見えないように指定

CSS	display
説明	要素の性質を変更する。
値	flex、inline、block、none、inline-blockなど
使い方	display: flex ; 要素を横一列に表示 display: inline; 要素をインライン要素にする display: block; 要素をブロック要素にする display: none; 要素を非表示にする

CSS	flex-wrap
説明	フレックスボックスに指定した要素の折り返しの指定。
値	wrap、nowrap、wrap-reverseなど
使い方	`flex-wrap: wrap;` フレックスボックスに指定した要素の折り返しを許可する `flex-wrap: nowrap;` フレックスボックスに指定した要素の折り返しを許可しない

CSS	letter-spacing
説明	文字の間隔を指定。
値	normal、px、emなど
使い方	`letter-spacing: 3px;` 文字の間隔（文字と文字の間の距離）を3pxに指定

CSS	z-index
説明	要素の重なりの順序を指定。
値	0や1などの整数値、autoなど
使い方	`z-index: 0;` 重なりの順序としては最低値の0を指定。0より大きい1や5などの要素が重なった場合は下に表示される `z-index: auto;` 親要素と同じ階層に重なりの順序を指定

■著者紹介
鈴木　介翔（すずき かいと）
愛知県豊田市出身。東京工業大学在学中にWebサイト制作をメインとしたエンジニア活動を開始。
ITベンチャー企業2社で勤務した後、2015年に株式会社Progateに入社。
Webエンジニアとしてサイト制作に携わる傍ら、40万人以上の利用者を抱えるプログラミング学習サイト「Progate」の学習教材の制作を担当。1人でも多くの人にプログラミングの楽しさを伝えられるよう、プログラミング教育の普及に精力的に取り組んでいる。

装幀……新井 大輔
装幀イラスト……金安 亮
本文デザイン……坂本 伸二
本文イラスト……クニメディア株式会社
写真提供……山下 理沙、Pixabay
編集……坂本 千尋

■本書サポートページ
https://isbn.sbcr.jp/95242/

本書をお読みいただいたご感想を上記 URL からお寄せください。
本書に関するサポート情報やお問い合わせ受付フォームも掲載しておりますので、あわせてご利用ください。

本当によくわかるHTML&CSSの教科書
シンプルで、デザインの良いサイトが必ず作れる

2018年　9月27日　初版第1刷発行

著　者……鈴木 介翔
発行者……小川 淳
発行所……SBクリエイティブ株式会社
〒106-0032　東京都港区六本木2-4-5
TEL 03-5549-1201（営業）
http://www.sbcr.jp
印刷・製本……株式会社シナノ
組　版……クニメディア株式会社

落丁本、乱丁本は小社営業部（03-5549-1201）にてお取り替えいたします。定価はカバーに記載されております。

Printed in Japan ISBN 978-4-7973-9524-2